高职高专"十三五"规划教材

典型零件加工技术
（第 2 版）

主编　张卓娅　周　林

主审　陈　宇

北京航空航天大学出版社

内 容 简 介

本书主要介绍了机械加工工艺的基本理论知识,通过轴类、盘套类、箱体类典型零件的工作任务引领学生完成各类零件工艺分析、规划与实施,贯彻教、学、做的一体化模式。本书共4个部分,零件制造工艺基本知识、轴类零件的加工工艺制定、盘类零件的加工工艺制定、箱体类零件的加工工艺制定。

本书突出了职业教育的特点,适合高职高专机械类相关专业教学使用,也可以作为机械制造行业技术人员的参考书。

图书在版编目(CIP)数据

典型零件加工技术 / 张卓娅,周林主编. -- 2 版
. -- 北京 : 北京航空航天大学出版社,2017.6
ISBN 978 - 7 - 5124 - 2403 - 6

Ⅰ. ①典… Ⅱ. ①张… ②周… Ⅲ. ①机械元件－加
工 Ⅳ. ①TH16

中国版本图书馆 CIP 数据核字(2017)第 086195 号

典型零件加工技术(第 2 版)
主编 张卓娅 周 林
主审 陈 宇
责任编辑 蔡 喆 甄 真

*

北京航空航天大学出版社出版发行

北京市海淀区学院路 37 号(邮编 100191) http://www.buaapress.com.cn
发行部电话:(010)82317024 传真:(010)82328026
读者信箱: goodtextbook@126.com 邮购电话:(010)82316936
北京兴华昌盛印刷有限公司印装 各地书店经销

*

开本:787×1 092 1/16 印张:12.75 字数:326 千字
2017 年 6 月第 2 版 2017 年 6 月第 1 次印刷 印数:2 000 册
ISBN 978 - 7 - 5124 - 2403 - 6 定价:29.00 元

第 2 版前言

高职院校课程改革经历课程综合化、任务驱动教学、项目教学等模式后,目前主要以职业能力培养为主线,围绕高素质技能型人才培养目标系统改革课程体系,以工作过程为导向来改革专业课程,力求更好地服务于专业,服务于岗位,与工作岗位近距离接触。

本书正是以这种课程改革模式为指导思想,以工作过程为导向,按照从事工艺技术员岗位所需的知识、能力、素质来选取教材内容,紧密结合企业元素,选用企业真实的典型案例进行分析描述,内容丰富、新颖。

全书分为两个模块,设有 4 个学习情境。第一个模块——学习情境1,为机械加工工艺的基本理论知识,按从事工艺技术员岗位所应具备的知识进行排序;第二个模块——学习情境2~4,为典型零件的工艺文件的制订,按照工艺技术员完成具体任务时的工作过程进行排序,系统地培养企业工艺技术员的岗位能力。本书采用项目教学和典型案例相结合的形式,从生产实际出发,采用知识链接的方式结合理论知识分别进行论述。本书实用性和针对性较强,并具有以下特点:

1. 按照生产技术岗位应具备的知识能力和工作流程设计学习情境。每个学习情境从生产实际要求出发,由浅入深设计 3 个典型工作任务。所选案例注重实用性和代表性,符合生产实际的需要,既能使学生较快地融入企业生产实际,突出岗位应用能力,又能为学生的可持续发展提供一定的理论基础。

2. 根据职业教育的教学特点,将每个学习情境的目标任务与理论知识有机地结合在一起,通过"背景材料""知识链接"和"学与练"的方式反映每个学习任务的重点内容,做到内容丰富,以典型零件加工工艺为主线,将机床、刀具、夹具、工件等有关知识有机地结合在一起,同时紧密联系生产实际。

3. 引导学生自主学习,通过查阅相关资料与信息,独立制订工作计划并实施。在实施中进行质量检查与控制,最后参与学习过程及学习成果的评价,促进学生综合职业能力的培养。在教学过程中,教师不再是教学活动的主体,只是教学过程的引导者和组织者。

本书由四川航天职业技术学院张卓娅、周林担任主编,杨清丽、孙文珍、王舟担任副主编。具体编写分工如下:学习情境1由孙文珍编写,学习情境2由张卓娅编写,学习情境3由周林、王舟编写,学习情境4由杨清丽编写,丁宇涛参与了本书的图形绘制。全书由张卓娅统稿，由陈宇主审。本书在编写过程中参阅了大量的相关论著，并吸取了其中的最新研究成果和有益经验，在此向原著者表示衷心的感谢。

由于编者水平和经验有限，时间仓促，书中如有欠妥之处，恳请读者批评指正。

编　者

2017 年 1 月

目　　录

学习情境 1 零件制造工艺基本知识

【学习目标】

机械制造工艺是利用各种加工手段将原材料、半成品转变为满足设计需要的产品的过程。它不仅能直接为人民提供所需的生活消费品,而且为国民经济各部门提供技术装备。机械制造业的生产能力和发展水平标志着一个国家和地区国民经济现代化的程度,而机械制造业的生产能力主要取决于制造手段的先进程度。

本情境主要是该课程的理论基础部分,为今后的几个学习情境打下坚实的基础。

完成本学习情境后,应该能够:

➤ 理解机械制造工艺方面的相关概念,掌握各类零件的结构特性,并能进行相关分析。

➤ 能根据零件的性能要求,进行毛坯的选择,以及在各道工序中能分析零件的自由度情况,并正确选择零件的定位基准。

➤ 根据零件结构特点,能够设计简单的工装夹具。

➤ 掌握零件的工艺尺寸链的相关计算。

➤ 能够正确确定零件的加工顺序及加工方案,安排合理的工艺路线,能够编写正确合理的工艺规程。

建议用 18 学时完成本学习情境。

【学习内容】

➤ 概述。

➤ 零件的工艺分析。

➤ 毛坯的选择。

➤ 工件的装夹及定位基准的选择。

➤ 工艺路线的制订。

➤ 工序尺寸及其公差的确定。

➤ 工艺卡片的填写。

1.1 任务 1 基本术语

1.1.1 生产过程和工艺过程

1. 生产过程

在机械产品制造时,将原材料(或半成品)转变为成品的全过程,称为生产过程。对于机械制造而言,生产过程主要由以下各部分组成,如图 1-1 所示。

可见,机械产品的生产过程一般比较复杂,为了便于组织生产,提高生产率和降低成本,有利于产品的标准化和专业化生产,许多产品的生产往往不是在一个工厂(或车间)内单独完成的,而是按行业分类组织生产,由众多的工厂(或车间)联合起来协作完成的。例如,汽车的生产过程就是由发动机、底盘、电器设备、仪表、轮胎等协作制造工厂(或车间)及汽车总装厂等单位的生产过程所组成的。

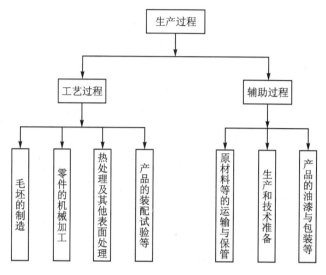

图 1-1 机械制造生产过程

2. 工艺过程

工艺是指使各种原材料、半成品成为成品的方法和过程。工艺过程是指改变生产对象的形状、尺寸、相对位置和性质等,使其成为成品或半成品的过程。而机械加工工艺过程是指利用机械加工的方法,直接改变毛坯的形状、尺寸和表面质量,使其转变为成品的过程。

1.1.2 工艺过程的组成

要完成一个零件的工艺过程,需要采用多种不同的加工方法和设备,并且还要通过一系列的加工工序。工艺过程就是由一个或若干个顺序排列的工序组成的。每个工序又可分为若干个工步、工位、安装和走刀。

1. 工 序

一个或一组工人,在一个工作地,对同一个或同时对几个工件连续完成的那部分工艺过程称为工序。工作地、工人、工件和连续作业,是构成工序的 4 个要素,其中任意一个要素的变更即构成新的工序。判断一系列的加工内容是否属于同一个工序,关键在于这些加工内容是否在同一个工作地对同一个工件连续地被完成。这里的"工作地"是指一台机床、一个钳工台或一个装配地点;这里的"连续"是指对一个具体的工件的加工是连续进行的,中间没有插入另一个工件的加工。例如,图 1-2 所示的阶梯轴,在车削加工中,如果生产批量小,该零件粗车完就精车,则车削加工为一道工序,如果生产批量大,将粗车与精车分开,先完成这批零件的粗车,然后再对这批零件进行精车,则车削加工为两道工序。

2. 工　步

在同一工序中,当需要采用不同的切削参数完成不同的加工表面时,就可将工序进一步划分为若干工步。工步是指在加工表面和加工工具不变的情况下,所连续完成的那一部分工作内容。判别工步可通过 3 点来进行:① 刀具不变;② 切削用量不变;③ 加工表面不变。以上 3 个因素中任意一因素发生变化,即形成了新的工步。

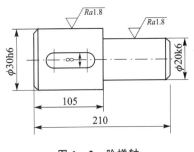

图 1-2　阶梯轴

为了简化工艺文件,对于在一次安装中连续进行的若干相同的工步,常看作为一个工步(可称为合并工步)。如用一把钻头连续钻削几个相同尺寸的孔,就认为是一个工步,而不看成是几个工步。

为了提高生产效率,用几把不同的刀具或复合刀具同时加工一个工件上的几个表面,也看成是一个工步,称为复合工步。

3. 工　位

为了减少安装次数,常采用回转工作台、回转夹具或移位夹具等多工位夹具,使工件在一次装夹中先后处于几个不同的位置进行加工。这种为了完成一定的工序内容,工件经一次装夹后,工件与夹具或设备的可动部分一起相对刀具或设备的固定部分所占据的每一个位置,称为工位。图 1-3 所示为一利用回转工作台在一次安装中顺次完成装卸工件、钻孔、扩孔和铰孔四工位加工的实例。

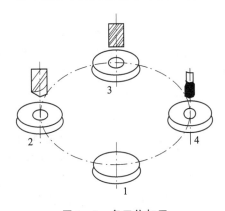

图 1-3　多工位加工

4. 安　装

每一个工序内都包含有许多加工内容,有些加工内容需要工件处于不同的位置才能完成。在采用加工设备加工时,往往需要对工件进行多次装夹,每次装夹所完成的工序内容称为一次安装。在一个工序中,工件可能只需装夹一次,也可能需要装夹几次。

在加工过程中应尽量减少安装次数,因为加工多个表面时采用一次安装,容易保证各表面间的位置精度,而且由于减少了装卸工件的辅助时间,可以提高生产率。

5. 走　刀

走刀是指切削工具在加工表面上每切削一次所完成的那一部分工步。在一个工步中,当加工表面上需要切除的材料层较厚,无法一次全部切除掉,需要分几次切除时,每切去一层材料称为一次走刀。一个工步可以包括一次或几次走刀。

1.1.3　生产纲领与生产类型

1. 生产纲领

企业在计划期内应当生产的产品产量和进度计划,称为该产品的生产纲领。企业的计划期常定为一年,因此,生产纲领常被理解为企业一年内生产的产品数量,即年产量。

机器中某一种零件的生产纲领除了生产该机器所需的该种零件的数量外,还包括一定的备品和废品,所以,零件的生产纲领是指包括备品和废品在内的年产量。零件的生产纲领可按下式计算:

$$N = Qn(1 + \alpha\%)(1 + \beta\%)$$

式中,N——零件的年产量,单位为件/年;

Q——产品的年产量,单位为台/年;

n——每台产品中该零件的数量,单位为件/台;

$\alpha\%$——备品的百分率;

$\beta\%$——废品的百分率。

2. 生产类型

生产类型是指企业(或车间、工段、班组、工作地)生产专业化程度的分类。一般分为大量生产、成批生产和单件生产3种类型。

① 单件生产。单件生产是指生产的产品品种很多,但同一产品的产量很少,各个工作地的加工对象经常改变,而且很少重复的生产。

② 大量生产。大量生产是指生产的产品数量很大,大多数工作地长期只进行某一工序的生产。

③ 成批生产。成批生产是指一年中分批轮流生产几种不同的产品,每种产品均有一定的数量,工作地的生产对象周期性地重复。每次投入或产出的同一产品(或零件)的数量称为批量。按照批量的大小,成批生产可分为小批、中批和大批生产3种。小批生产的工艺特点接近单件生产,常将两者合称为单件小批生产;大批生产的工艺特点接近大量生产,常合称为大批大量生产。

生产类型的划分,可根据生产纲领和产品的特点及零件的质量或工作地每月担负的工序数,参考表1-1确定。同一企业或车间可能同时存在几种生产类型,判断企业或车间的生产类型,应根据企业或车间中占主导地位的产品的生产类型来确定。

不同的生产类型具有不同的工艺特点(详见表1-2),在制订工艺规程时,应首先确定生产类型,根据不同生产类型的工艺特点,制订出合理的工艺规程。

表1-1　生产类型的划分

生产类型		生产纲领/(台·年⁻¹)或(件·年⁻¹)			工作地每月担负的工序数/(工序数·月⁻¹)
		重型机械或重型零件(>100 kg)	中型机械或中型零件(10～100 kg)	小型机械或轻型零件(<10 kg)	
单件生产		5	10	100	不作规定
成批生产	小批	5～100	10～200	100～500	20～40
	中批	100～300	200～500	500～5 000	10～20
	大批	300～1 000	500～5 000	5 000～50 000	1～10
大量生产		>1 000	>5 000	>50 000	>1

表 1-2　生产类型的工艺特点

特　点	单件生产	成批生产	大量生产
工件的互换性	一般是配对制造,缺乏互换性,广泛用钳工修配	大部分有互换性,少数用钳工修配	全部有互换性。某些精度较高的配合件用分组选择法装配
毛坯的制造方法及加工余量	铸件用木模手工造型;锻件用自由锻。毛坯精度低,加工余量大	部分铸件用金属模;部分锻件用模锻。毛坯精度中等;加工余量中等	铸件广泛采用金属模机器造型,锻件广泛采用模锻,以及其他高生产率的毛坯制造方法。毛坯精度高,加工余量小
机床设备	采用通用机床。按机床种类及大小采用"机群式"排列	部分通用机床和部分高生产率机床。按加工零件类别分工段排列	广泛采用高生产率的专用机床及自动机床。按流水线形式排列
夹具	多用标准附件,极少采用专用夹具,靠画线及试切法达到精度要求	广泛采用专用夹具,部分靠划线法达到精度要求	广泛采用高生产率夹具及调整法达到精度要求
刀具与量具	采用通用刀具和万能量具	较多采用专用刀具及专用量具	广泛采用高生产率刀具和量具
对工人的要求	需要技术熟练的工人	需要一定熟练程度的工人	对操作工人的技术要求较低,对调整工人的技术要求较高
工艺规程	有简单的工艺路线卡	有工艺规程,对关键零件有详细的工艺规程	有详细的工艺规程
生产率	低	中	高
成本	高	中	低
发展趋势	箱体类复杂零件采用加工中心加工	采用成组技术、数控机床或柔性制造系统等进行加工	在计算机控制的自动化制造系统中加工,并可能实现在线故障诊断、自动报警和加工误差自动补偿

1.1.4　工艺规程

工艺规程是规定产品或零部件制造工艺过程和操作方法等的工艺文件。正确的工艺规程是在总结长期的生产实践和科学实验的基础上,依据科学理论和必要的工艺试验并考虑具体的生产条件而制订的。

1. 工艺规程的作用

① 工艺规程是组织和指导生产的主要技术文件。一切从事生产的人员都必须严格、认真

地贯彻执行,从而保证生产科学、有序地进行,实现优质、高产和低消耗。

②　工艺规程是生产准备和计划调度的主要依据。原材料和毛坯的准备、机床的调整、专用工艺装备的设计与制造、生产作业计划的编排、劳动力的组织、生产成本的核算等工作都是依据工艺规程进行的。有了工艺规程,才能合理地制订产品生产的进度计划和相应的调度计划,保证生产均衡、顺利地进行。

③　工艺规程是新建或扩建工厂、车间的基本技术文件。在新建或扩建工厂、车间时,只有根据工艺规程和生产纲领,才能准确确定生产所需机床的种类和数量,工厂或车间的面积,机床的平面布置,生产工人的工种、等级、数量,以及各辅助部门的安排等。

④　工艺规程是进行技术交流的重要文件。先进的工艺规程起着交流和推广先进经验的作用,能指导同类产品的生产,缩短工厂摸索和试制的过程。

2. 制订工艺规程的原则、主要依据和步骤

(1) 制订工艺规程的原则

制订工艺规程的基本原则是:在保证产品质量的前提下,以最高的生产率、最低的成本,可靠地生产出符合要求的产品。

(2) 制订工艺规程的主要依据

制订工艺规程时,应具有以下原始资料:

①　产品的成套装配图和零件工作图。

②　产品验收的质量标准。

③　产品的生产纲领。

④　毛坯的生产条件及生产技术水平或协作关系等。

⑤　工厂现有生产设备、生产能力、技术水平、外协条件等。

⑥　新技术、新工艺的应用和发展情况。

⑦　有关的工艺手册和资料以及国家的有关法规等。

(3) 制订工艺规程的步骤

①　研究零件图和装配图,进行工艺分析。

②　熟悉并分析其他制订工艺规程所需的原始资料。

③　明确生产类型。

④　选择毛坯。

⑤　拟定工艺路线,包括各加工表面加工方法与加工方案的选择及相应定位、夹紧方案的初步设计、确定加工顺序、划分加工阶段等内容。

⑥　进行各工序的详细设计,包括确定加工余量、计算工序尺寸及其公差、选择机床设备和工艺装备、确定切削用量及工时定额等。

⑦　进行技术、经济分析,确定最佳方案。

⑧　填写工艺文件。

这些工艺文件是一些不同格式的卡片,填写完毕并经审批后,就可以在生产中指导工人操作和用于生产、工艺管理等。

3. 工艺文件

(1) 工艺文件的类型与格式

①　专用工艺规程　针对每一种产品和零件所设计的工艺规程。

② 通用工艺规程　为结构相似的零件所设计的通用工艺规程。

③ 标准工艺规程　已纳入标准的工艺规程。标准中属于机械加工工艺规程的工艺文件有 7 种：

> 机械加工工艺过程卡片。

> 机械加工工序卡片。

> 标准零件或典型零件工艺过程卡片。

> 单轴自动车床调整卡片。

> 多轮自动车床调整卡片。

> 机械加工工序操作指导卡片。

> 检验卡片。

其中，最常用的是机械加工工艺过程卡片和机械加工工序卡片。表 1-3 所列的机械加工工艺过程卡片是以工序为单位简要说明零件机械加工过程的一种工艺文件，主要用于单件小批生产和中批生产的零件，大批大量生产可酌情自定。该卡片是生产管理方面的工艺文件。

表 1-3　机械加工工艺过程卡片

		机械加工工艺过程卡片		产品型号		零(部)件图号				
				产品名称		零(部)件名称		共( )页	第( )页	
材料牌号		毛坯种类		毛坯外形尺寸		每个毛坯订制件数		每台件数	备 注	
工序号	工序名称	工序内容			车间	工段	设备	工序装备	工 时	
									准终	单件
描　图										
描　校										
底图号										
装订号										
					设计 (日期)	审核 (日期)	标准化 (日期)	会签 (日期)		
标记	处数	更改文件号	签字	日期	标记	处数	更改文件号	签字	日期	

表 1-4 所列的机械加工工序卡片是在工艺过程卡片的基础上，进一步按每道工序所编制的一种工艺文件，其主要内容包括工序简图、该工序中每个工步的加工内容、工艺参数、操作要求以及所用的设备和工艺装备等。工序卡片主要用于大批大量生产中的零件、中批生产中复杂产品的关键零件以及单件小批生产中的关键工序。

表1-4 机械加工工序卡片

工 厂	机械加工工序卡片	产品名称及型号		零件名称	零件图号	工序名称		工序号	第( )页
									共( )页
		车 间		工 段	材料名称	材料牌号		力学性能	
		同时加工工件数		每料件数	技术等级	单件时间/min		准-终时间/min	
		设备名称		设备编号	夹具名称	夹具编号		切削液	

工步号	工步内容	进给次数	切削用量			时间定额/min		工艺装备			
			切削深度/mm	进给量/(mm·r⁻¹)	切削速度/(m·min⁻¹)	基本时间	辅助时间	名称	规格	编号	数量

编 制		抄 写		校 对			审 核			批 准	

（2）工序图

工序卡片中的工序图可以清楚直观地表达出本工序的加工内容。在工序图上应标注出本工序的工序尺寸及公差，以及相应的形状、位置精度和表面粗糙度等相关技术要求。每道工序填写一张卡片。

1.1.5 获得加工精度的方法

零件加工后的实际几何参数（尺寸、形状和位置）与理想几何参数的符合程度称为加工精度。而零件加工后的实际几何参数与理想几何参数的偏离程度称为加工误差。加工精度与加工误差是评定零件加工后的几何参数准确程度的两种不同提法，加工精度的高低也可用加工误差的大小来表示。加工精度越高，则加工误差越小；反之，加工误差越大，则加工精度越低。

1. 获得尺寸精度的方法

① 试切法。通过试切—测量—调整—再试切，反复进行直到被加工尺寸达到要求的精度为止的加工方法称为试切法。试切法的生产率低，加工精度主要取决于工人的技术水平，常用于单件小批生产。

② 调整法。在机床上先调整好刀具和工件的相对位置，并在一批工件的加工过程中保持这个位置不变，以保证工件工序尺寸精度的方法称为调整法。调整法生产率高，加工精度较稳定。调整法常用于中批以上的生产中。

③ 定尺寸刀具法。用刀具的相应尺寸来保证工件被加工部位工序尺寸的方法称为定尺寸刀具法。例如钻孔、铰孔、拉孔等。这种方法生产率较高，操作简便，加工精度较稳定。

④ 主动测量法。在加工过程中，利用自动测量装置边加工边测量加工尺寸，并将测量结果与要保证的工序尺寸比较后，或使机床继续工作，或使机床停止工作，就是主动测量法。主动测量所得的测量结果可用数字在显示器上显示出来。该方法生产率高，加工精度稳定，是目前机械加工的发展方向之一。

⑤ 自动控制法。在加工过程中，利用测量装置或数控装置等自动控制加工过程的加工方

法称为自动控制法。该方法生产率高,加工质量稳定,加工柔性好,能适应多品种中小批量生产,是计算机辅助制造(CAM)的重要基础,也是目前机械加工的发展方向之一。

2. 获得形状精度的方法

① 轨迹法。依靠刀具相对于工件的运动轨迹来获得形状精度的方法称为轨迹法。例如普通车削、铣削、刨削和磨削等均为轨迹法。

② 成形法。利用成形刀具对工件进行加工的方法称为成形法,所获得的形状精度取决于成形刀具的形状精度。例如用成形圆弧刀车削圆弧,用螺纹刀车削螺纹等均为成形法。

③ 仿形法。通过仿形装置做进给运动对工件进行加工的方法称为仿形法。例如在仿形机床上采用仿形装置车手柄、铣凸轮轴等。随着数控加工的广泛应用,仿形法的应用将逐渐减少。

④ 展成法。利用工件和刀具做展成切削运动进行加工的方法称为展成法,零件所获得的精度取决于刀刃的形状和展成运动的精度。例如,滚齿和插齿加工就是采用典型的展成法加工而成的。

3. 获得位置精度的方法

零件位置精度的获得主要取决于工件的定位。

另外,工件在一次装夹中加工多个表面时,这些表面之间的相互位置精度一般较高,其主要取决于机床的精度。利用组合刀具或一把刀具上的几个刀刃,同时加工工件上的几个表面,这些表面之间的相互位置精度一般也较高,其主要取决于刀具的精度。

1.2　任务 2　零件的工艺分析

对零件进行工艺分析,发现问题后及时提出修改意见,是制订工艺规程的一项重要工作。对零件进行工艺分析,主要包括以下两个方面。

1. 零件的技术要求分析

① 加工表面的尺寸精度和形状精度。

② 各加工表面之间以及加工表面和不加工表面之间的相互位置精度。

③ 加工表面粗糙度以及表面质量方面的其他要求。

④ 热处理及其他要求(例如动平衡、未注圆角、去毛刺、毛坯要求等)。

2. 零件的结构工艺性分析

零件的结构工艺性是指零件在满足使用要求的前提下,制造该零件的可行性和经济性。零件的结构工艺性是评定零件的结构在具体生产条件下是否便于加工、装配和维修,使其生产成本低而生产效率高的一种技术指标。零件的结构对使用性能有一定的影响,使用性能相同而结构不同的两个零件,在制造中由于采用的加工方法、金属切除量、材料消耗、工艺装备的不同,其经济性和生产率会有一定的差异。

所谓结构工艺性好是指在现有工艺条件下,既方便制造又有较低的制造成本。所以,在对零件进行工艺性分析时,必须根据具体的生产类型和生产条件,全面、具体、综合地分析。在制订机械加工工艺规程时,主要进行零件的切削加工工艺性分析,它主要涉及如下几点:

① 工件应便于在机床或夹具上装夹,并尽量减少装夹次数。

② 刀具易于接近加工部位,便于进刀、退刀和测量,以及便于观察切削情况等。

③ 尽量减少刀具调整和走刀次数。

④ 尽量减少加工面积及空行程,提高生产率。

⑤ 便于采用标准刀具,尽可能减少刀具种类。

⑥ 尽量减少工件和刀具的受力变形。

⑦ 改善加工条件,便于加工,必要时应便于采用多刀、多件加工。

⑧ 有适宜的定位基准,且定位基准到加工面的标注尺寸应便于测量。

表 1-5 所列是一些常见的零件结构工艺性示例。

表 1-5 零件结构的切削加工工艺性示例

主要要求	结构工艺性		工艺性好的结构的优点
	不 好	好	
① 加工面积应尽量小			① 减少加工面 ② 减少材料及切削工具的消耗量
② 钻孔的入端和出端应避免斜面			① 避免刀具损坏 ② 提高钻孔精度 ③ 提高生产率
③ 避免斜孔			① 简化夹具结构 ② 几个平行的孔便于同时加工 ③ 减少孔的加工量
④ 孔的位置不能距壁太近			① 可采用标准刀具和辅具 ② 提高加工精度

1.3 任务3 毛坯的选择

毛坯制造是零件生产过程的一部分,是由原材料变为成品的第一步。毛坯材料及毛坯制造方法的选择、毛坯形状与尺寸的确定,不仅对机械加工工艺过程有显著影响,而且对零件整个生产过程的优质、高产、低消耗的影响也很大,并且还将影响到零件的机械性能和使用性能。

在制订工艺规程时,合理选择毛坯不仅影响到毛坯本身的制造工艺和费用,而且对零件机械加工工艺、生产率和经济性也有很大的影响。因此,选择毛坯时应从毛坯制造和机械加工两方面综合考虑,以求得到最佳效果。

1.3.1　毛坯种类的选择

毛坯的种类很多,每一种毛坯又有许多不同的制造方法。常用的毛坯主要有以下几种。

（1）铸　件

铸件毛坯适用于形状较复杂的零件。其制造方法主要有:砂型铸造、金属型铸造、压力铸造、熔模铸造、离心铸造等。较常用的是砂型铸造。当毛坯精度要求低、生产批量较小时,采用木模手工造型法;当毛坯精度要求高、生产批量很大时,采用金属型机器造型法。铸件材料主要有铸铁、铸钢及铜、铝等有色金属。

（2）锻　件

锻件毛坯适用于形状较简单、机械强度要求高的零件。其锻造方法有:自由锻、模锻和精密锻造等。自由锻毛坯精度低、加工余量大、生产率低,适用于单件小批量生产以及大型零件;模锻和精密锻造的毛坯精度高、加工余量小、生产率高,适用于中批以上生产的中小型零件。常用的锻造材料有中、低碳钢及低合金钢。

（3）型　材

型材适用于形状简单、尺寸不大的零件毛坯。其截面形状有:圆形、方形、六角形、工字形等各种截面。型材主要材料有:热轧钢材和冷拉钢材。热轧的型材精度低,但价格便宜,用于一般零件的毛坯;冷拉型材尺寸较小,精度高,易于实现自动送料,但价格较高,多用于批量较大的生产,适用于自动机床的加工。

（4）焊接件

焊接件是将型材或板料等焊接成所需的毛坯,简单方便,生产周期短,但抗振性差,由内应力引起的变形较大,故在机械加工之前常需要进行时效处理。

（5）冲压件

冲压件适用于形状复杂、生产批量较大的中、小尺寸板件毛坯。冲压件有时可以不再加工或直接进行精加工。

（6）冷挤压件

冷挤压件适用于形状简单、尺寸小、生产批量大的毛坯。主要材料是塑性较大的有色金属和钢材。冷挤压毛坯精度高,广泛用于挤压各种精度要求高的仪表件和航空发动机中的小零件。

（7）粉末冶金件

粉末冶金是以金属粉末为原材料,经压制成形和高温烧结来制造零件,尺寸精度高。成形后一般不再进行切削加工,材料损失少,工艺设备简单,适用于大批量生产。但金属粉末成本高,且不适于压制结构复杂的零件以及薄壁或有锐角的零件。

1.3.2　选择毛坯时应考虑的因素

选择毛坯时应全面考虑下列因素:

（1）零件的材料及力学性能要求

某些材料的工艺特性决定了其毛坯的制造方法。例如,铸铁和有些金属只能铸造;对于重要的钢质零件为获得良好的力学性能,应选用锻件毛坯。

（2）零件的结构形状与尺寸

毛坯的形状与尺寸应尽量与零件的形状和尺寸接近。形状复杂和大型零件毛坯多用铸造,薄壁零件不宜用砂型铸造,板状钢质零件多用锻造。轴类零件毛坯,如各台阶直径相差不大,则可选用棒料;如各台阶直径相差较大,宜用锻件。对于锻件,尺寸大时可选用自由锻,尺寸小且批量较大时可选用模锻。

（3）生产纲领的大小

大批大量生产时,应选用精度和生产率较高的毛坯制造方法,如模锻、金属型机器造型铸造等。虽然一次投资较大,但生产量大,分摊到每个毛坯上的成本并不高,且此种毛坯制造方法的生产率较高,节省材料,可大大减少机械加工量,降低产品的总成本。单件小批生产时则应选用木模手工造型铸造或自由锻造。

（4）现有的生产条件

选择毛坯时,要充分考虑现有的生产条件,如毛坯制造的实际水平和能力、外协的可能性等。有条件时应积极组织地区专业化生产,统一供应毛坯。

（5）充分考虑利用新技术、新工艺、新材料的可能性

为节省材料和能源,随着毛坯专业化生产的发展,精铸、精锻、冷轧、冷挤压等毛坯制造方法的应用将日益广泛,为实现少切屑、无切屑加工打下良好基础,这样可以有效减少切削加工量,甚至不需要切削加工,从而大大提高经济效益。

1.3.3　毛坯形状与尺寸的确定

毛坯尺寸与零件图上相应的设计尺寸之差称为加工总余量,又叫毛坯余量。毛坯尺寸的公差称为毛坯公差。

毛坯余量确定后,将毛坯余量附加在零件相应的加工表面上,即可大致确定毛坯的形状与尺寸。此外,在毛坯制造、机械加工及热处理时,还有许多工艺因素会影响到毛坯的形状与尺寸。下面仅从机械加工工艺的角度,分析一下在确定毛坯形状和尺寸时应注意的问题。

（1）设置便于定位的工艺凸台

为了工件加工时装夹方便,有些毛坯需要铸出工艺凸台,如图 1-4 所示。当以 C 面定位加工 A 面时,毛坯上为了满足工艺的需要而增设的工艺凸台 B 就是工艺搭子。这里的工艺凸台 B 也是一个典型的辅助基准,由于是为了满足工艺上的需要而附加上去的,所以也常称为附加基准。工艺搭子在零件加工后一般可以保留,当影响到外观和使用性时才予以切除。

（2）采用整体毛坯

在机械加工中,有时会遇到如磨床主轴部件中的三瓦轴承、发动机的连杆和车床的开合螺母等零件,它们的结构特点为内孔是半圆,为了保证加工质量,同时也为了加工方便,通常将其做成一个整体毛坯,加工到一定阶段后再切割分离(见图 1-5)。

（3）采用合件毛坯

为了提高机械加工生产率,对于许多短小的轴套、键、垫圈和螺母零件,在选择棒料、钢管及六角钢等为毛坯时,可以将若干个零件的毛坯合制成一件较长的毛坯,待加工到一定阶段后再切割成单个零件。显然,在确定毛坯的长度时,应考虑切断刀的宽度和切割的零件数,如图 1-6 所示。

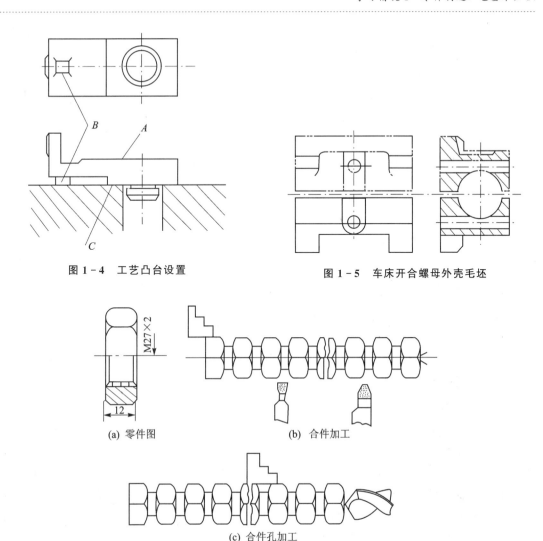

图 1-4　工艺凸台设置

图 1-5　车床开合螺母外壳毛坯

(a) 零件图　　　　(b) 合件加工

(c) 合件孔加工

图 1-6　合件毛坯实例

1.4　任务 4　工件的装夹及定位基准选择

在机床上加工工件时,为使该工序加工的表面能达到图纸规定的尺寸精度、形状精度以及表面间的位置精度等技术要求,在加工前必须首先将工件进行装夹。

工件装夹的实质就是在机床上对工件进行定位和夹紧。使工件在机床或夹具上占据某一正确位置的过程称为定位;工件定位后用一定的装置将其固定,使其在加工过程中保持定位不变的操作称为夹紧;工件定位、夹紧的过程合称为装夹。装夹工件的目的是通过定位和夹紧使工件在加工过程中始终保持其正确的加工位置,以保证达到该工序所规定的加工技术要求。工件定位的方法有以下 3 种:

(1) 直接找正定位法

在机床上利用划针或百分表等测量工具直接找正工件位置的方法称为直接找正定位法。

该方法生产率低,精度主要取决于工人的操作技术水平和测量工具的精确度,一般用于零件加工精度要求不高的单件小批生产。

(2)画线找正定位法

在工件上先画出中心线、对称线和表面的加工位置线等,然后再在机床上按画好的线找正工件位置的方法称为画线找正法。该方法生产率低、精度低,一般用于批量不大的工件。当选用的毛坯为形状较复杂、尺寸偏差较大的铸件或锻件时,在加工阶段的初期,为了合理分配加工余量,经常采用画线找正法。

(3)利用夹具定位法

工件在夹具中的定位,是使同一批工件都能在夹具中占据一致的位置,以保证工件相对于刀具和机床的正确加工位置。该种方法生产率高、加工精度取决于定位元件精度的高低。中批以上的生产中广泛采用专用夹具定位。

工件的定位,无论是在制订零件机械加工工艺规程时,还是在设计夹具时,都是一个非常重要的问题,它涉及如何根据工件加工技术要求并按照工件定位的基本原理,分析、研究和确定应限制工件的哪些自由度,应如何选择工件的定位基准(面),如何根据定位基准的情况选择合适的定位元件,以及如何进行定位误差的计算,以便采取措施控制定位误差的大小,来满足工件加工技术要求等内容。

1.4.1 工件定位的基本原理

1. 六点定则

任何一个工件,如果对其不加任何限制,那么它在空间的位置是不确定的,就像一个未被约束的刚体置于空间中,可以向任意方向移动或转动。工件所具有的这种运动的可能性,称为工件的自由度。

如果把工件放在空间直角坐标系中来描述,如图1-7所示,则工件具有六个自由度,即沿 x、y、z 轴移动和绕 x、y、z 轴转动的六个自由度,可分别用 $\vec{x}$、$\vec{y}$、$\vec{z}$ 表示沿 x、y、z 轴移动的自由度,用 $\hat{x}$、$\hat{y}$、$\hat{z}$ 表示绕 x、y、z 轴转动的自由度。

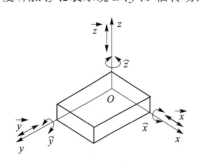

图1-7 物体的六个自由度

工件的定位,实质上就是限制工件应该被限制的自由度。即:若要确定工件在某坐标方向上的位置,则只需用一个定位支承点限制工件在该方向上的一个自由度。若用六个合理布置的定位支承点限制工件的六个自由度,则可使工件的位置完全确定,此称为工件定位的"六点定则"。

如图1-8所示,在空间直角坐标系的 xOy 面上布置三个定位支承点1、2、3,使工件的底面与三点相接触,则该三点就限制了工件的三个自由度。同理,在 zOy 面上布置两个定位支承点4、5与工件侧面相接触,可限制工件的两个自由度。在 zOx 面上布置一个定位支承点6与工件的另一侧面接触,可限制工件的一个自由度,从而使工件的位置完全确定。

值得注意的是,底面上布置的三个支承点不能在同一条直线上,且三个支承点所形成的三角形的面积愈大愈好。侧面上布置的两个支承点所形成的连线不能垂直于三点所形成的平面,且两点之间的距离愈远愈好。这就是上述所提到的"合理布置"的含义。

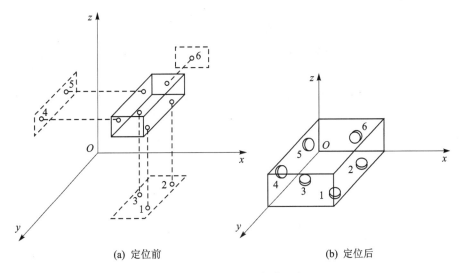

(a) 定位前　　　　　　　　　　　(b) 定位后

图 1-8　定位支承点的分布

　　"六点定则"可用于任何形状、任何类型的工件,具有普遍性。无论工件的具体形状和结构如何,其六个自由度均可由六个定位支承点来限制,只是六个支承点的具体分布形式有所不同。例如图 1-9 所示为盘状工件的定位,底面的 1、2、3 三个支承点限制了工件的三个自由度(一个移动和两个转动),外圆柱面上的 5、6 两个支承点限制了工件的两个自由度(两个移动),工件圆周槽中的支承点 4 限制了工件的一个自由度(一个转动)。

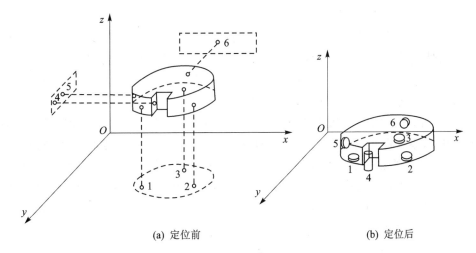

(a) 定位前　　　　　　　　　　　(b) 定位后

图 1-9　盘类工件的定位

2. 工件的定位形式

工件的定位有以下 3 种形式。

(1) 完全定位

用六个合理布置的定位支承点限制工件的六个自由度,使工件位置完全确定的定位形式称为完全定位。当工件在 x、y、z 三个坐标方向上都有尺寸或位置精度要求时,需采用这种定位形式。如上两图均为完全定位形式。

(2) 部分定位

工件被限制的自由度少于六个,但能满足加工技术要求的定位形式称为部分定位,如图 1-10 所示。在工件上铣通槽,有两个方位的位置要求,为保证槽底面与 A 面距离尺寸和平行度要求,必须限制 $\vec{z}$、$\hat{x}$、$\hat{y}$ 三个自由度;为确保槽侧面与 B 面的平行度及距离尺寸要求,必须限制两个自由度,共需限制以上五个自由度。也就是说当采用五个定位支承点限制了工件上述五个自由度时,即为部分定位。若铣的是不通槽,则被加工表面就有三个方位的位置要求,那么必须限制工件的六个自由度,这时就需要采用完全定位。

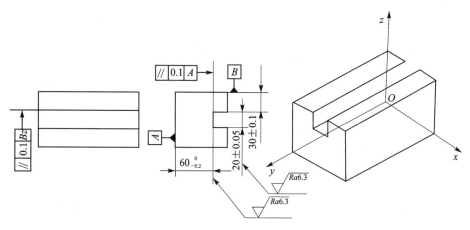

图 1-10 在矩形零件上铣通槽

(3) 过定位

两个或两个以上的定位支承点同时限制工件的同一个自由度的定位形式称为过定位。过定位造成的后果是使工件容易产生定位不稳,使定位精度降低;也可能在大的夹紧力作用下有了很好的贴合,却使零件的定位产生明显的变形,从而降低加工精度,严重时将导致工件无法完成安装以致不能进行加工。因此,一般情况下,应尽量避免采用过定位形式。

图 1-11 所示为过定位及改善措施。其中,图(a)所示为零件的过定位安装情况。当受到外力 Q 作用时,零件将产生变形,为使零件能正常安装,不至于变形,定位方案做如下调整可消除 x、y 方向转动自由度的过定位:① 将孔中长销改为短销,如图(b)所示;② 用长销和小端面组合定位,如图(c)所示。因此,在确定工件定位方案时,应尽量避免出现过定位。但在精密加工和装配中,过定位有时是必要的。

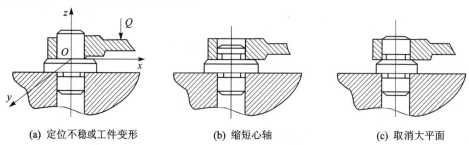

(a) 定位不稳或工件变形   **(b) 缩短心轴**   **(c) 取消大平面**

图 1-11 过定位及改善措施(连杆定位局部)

3. 欠定位现象

根据加工技术要求应限制的自由度没有被限制,这种定位现象称为欠定位现象。欠定位现象是不允许出现的,因为它不能保证工件的加工技术要求。

1.4.2 定位方式及定位元件

在一开始分析工件定位时,为了简化问题,习惯上都是先利用定位支承点来限制工件应被限制的自由度的。而实际上,工件在夹具中的定位,并不是用定位支承点,而是采用各种不同结构与形状的定位元件与工件相应的定位基准面相接触或配合来实现的。这里主要按不同的定位基准面分别介绍常用的定位元件。

1. 常见的定位方式及定位元件

常见的工件定位方式有:工件以平面作为定位基准、工件以内孔作为定位基准、工件以外圆作为定位基准和工件以一面两孔作为定位基准 4 种。

(1) 工件以平面为定位基准

工件以平面为定位基准时,常用的定位元件主要有以下几种:

① 支承钉。一个支承钉相当于一个支承点,可限制工件一个自由度。图 1-12 所示为 3 种标准支承钉。平头支承钉多用于工件以精基准定位;球头支承钉和齿纹支承钉适用于工件以粗基准定位,可减少接触面积,以便与粗基准有稳定的接触。球头支承钉较易磨损而失去精度。齿纹支承钉能增大接触面间的摩擦力,但落入齿纹中的切屑不易清除,故多用于侧面和顶面定位。

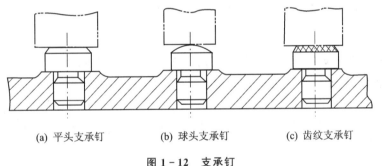

(a) 平头支承钉   (b) 球头支承钉   (c) 齿纹支承钉

图 1-12 支承钉

② 支承板。支承板适用于工件以精基准定位的场合。工件以大平面与一大(宽)支承板相接触定位时,该支承板相当于三个不在一条直线上的支承点,可限制工件三个自由度。一个窄支承板相当于两个支承点,可限制工件两个自由度。

图 1-13 所示为两种标准支承板。其中 A 型支承板结构简单、紧凑,但切屑容易落入螺钉头周围的缝隙中,不易清除,故多用于侧面和顶面的定位。B 型支承板在工作面上有 45°的斜槽,且能保持与工件定位基准面连续接触,清除切屑方便,故多用于底面定位。

③ 可调支承。可调支承是指高度可以调节的支承。一个可调支承限制工件的一个自由度,如图 1-14 所示。其中,图(a)所示的可调支承可用手直接调节,适用于支承小型工件;图(b)所示的可调支承具有衬套,可防止磨损夹具体,图(b)、(c)所示的支承需要用扳手调节,这两种可调支承适用于支承较重的工件。

注意:可调支承在一批工件加工之前只调整一次。在同一批工件加工中,其位置保持不

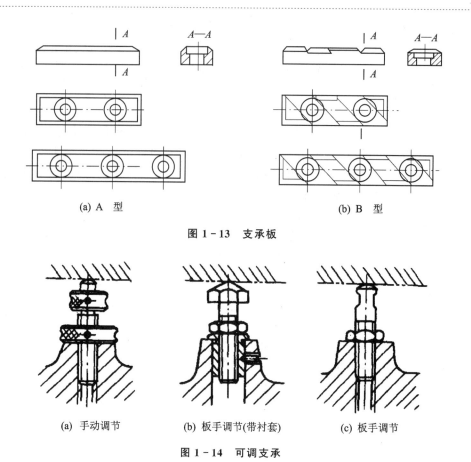

(a) A 型 (b) B 型

图 1 - 13　支承板

(a) 手动调节　　(b) 板手调节(带衬套)　　(c) 板手调节

图 1 - 14　可调支承

变,作用相当于固定支承,所以,可调支承在调整后必须用锁紧螺母锁紧。

④ 自位支承(浮动支承)。自位支承是在工件定位过程中,能随工件定位基准面的位置变化而自动与之相适应的多点接触的浮动支承。其作用仍然相当于一个定位支承点,限制工件的一个自由度,适用于粗基准定位或工件刚度不足的定位情况,如图 1 - 15 所示。其中,图(a)所示为两点浮动;图(b)所示为三点浮动。

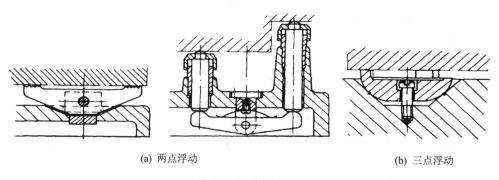

(a) 两点浮动　　　　　　　　　　　　　　(b) 三点浮动

图 1 - 15　自位支承

(2) 工件以内孔为定位基准

工件以内孔作为定位基准时,常用的定位元件有以下几种:

① 定位销。定位销是轴向尺寸较短的圆柱形定位元件,可限制工件两个自由度,如图 1-16 中(a)、(b)、(c)所示。在大批量生产中,定位销使用一段时间后,会因磨损而不能再用,必须更换新的。为了便于更换,可采用可换式定位销。图(d)所示为一种常用的可换式定位销在夹具体上的装配结构。

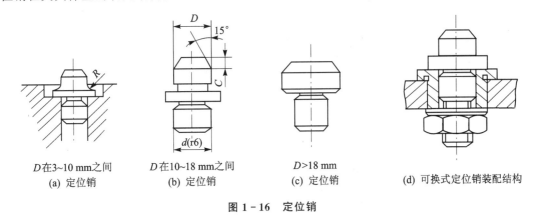

| *D* 在 3~10 mm 之间 | *D* 在 10~18 mm 之间 | *D*>18 mm | 可换式定位销装配结构 |
| (a) 定位销 | (b) 定位销 | (c) 定位销 | (d) 可换式定位销装配结构 |

图 1-16 定位销

当工件以孔和端面组合定位时,常将带台肩的定位销或定位销与支承板等定位元件组合使用。图 1-17 所示为一非标准的带台肩的定位销。由于工件内孔直径较大,定位销可做成空心的,以减轻质量。定位销部分限制工件两个自由度,台肩的大圆环端面限制工件三个自由度。

② 定位心轴。常用的定位心轴主要有:带阶台的间隙配合心轴、过盈配合心轴和花键配合心轴。

如图 1-18 所示,采用间隙配合心轴时(见图(a)),工件常以内孔和端面组合定位。心轴限制工件四个自由度,心轴的小台肩端面限制工件一个自由度。夹紧方式采用垫圈螺母进行端面压紧。此种定位方式工件装卸方便,但由于内孔和工件外圆存在间隙,故定心精度不高。采用过盈配合心轴时

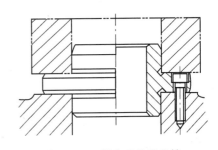

图 1-17 带台肩的定位销

(见图(b)),心轴的工作部分应稍带锥度。这种心轴制造简单,定心精度高,无须另设夹紧装置,但装卸工件不便,且容易损伤工件定位孔,故多用于定心精度要求高的精加工场合。采用花键配合心轴(见图(c)),是用于以花键孔定位的工件。

③ 圆锥销。单个圆锥销限制工件三个移动自由度,两个圆锥销成对使用(其中一个固定,另一个可沿轴线方向移动),共限制工件五个自由度,如图 1-19 所示。

(3) 工件以外圆为定位基准

工件以外圆为定位基准时,常用的定位元件有以下几种:

① V 形架。工件以外圆定位时,最常用的定位元件是 V 形架。图 1-20 所示为常用 V 形架的结构形式。其中,图(a)所示的 V 形架用于较短的外圆柱面定位,可限制工件两个自由度。其余 3 种用于较长的外圆柱面表面或阶梯轴,可限制工件四个自由度:图(b)所示的 V 形架用于以粗基准面定位,图(c)所示的 V 形架用于以精基准面定位,图(d)所示的 V 形架用于

工件较长、直径较大的重型工件,这种 V 形架一般做成在铸铁底座上镶淬硬支承板或硬质合金板的结构形式。

V 形架的特点:一是对中性好,可使一批工件的定位基准(轴线)对中在 V 形架的两斜面的对称平面上,而不受定位基准面直径误差的影响,且装夹很方便;二是应用范围较广,不论定位基准面是否经过加工,是完整的圆柱表面还是局部的圆弧面,都可采用 V 形架定位。

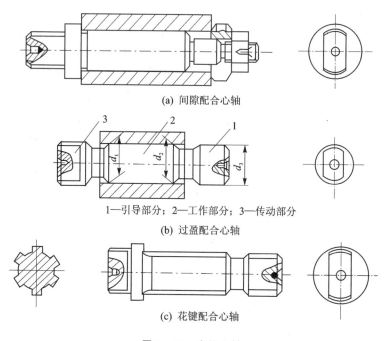

(a) 间隙配合心轴

1—引导部分;2—工作部分;3—传动部分

(b) 过盈配合心轴

(c) 花键配合心轴

图 1 - 18　定位心轴

② 定位套。图 1 - 21 所示为几种常见的定位套。为了限制工件的轴向移动自由度,定位套常与其端面(支承板)配合使用。图(a)所示是带小端面的长定位套,工件可以较长的外圆柱面在这种长定位套的孔中定位,限制工件四个自由度;同时工件可以端面在定位套的小端面上定位,限制工件一个自由度,共限制工件五个自由度。图(b)、(c)所示是带大端面的短定位套工件,可以较短的外圆柱面在短定位套的孔中定位,限制工件的两个自由度;同时,工件可以端面在定位套的大端面上定位,限制了工件的三个自由度,共限制工件五个自由度。

定位套结构简单,容易制造,但定心精度不高,只适用于工件以精基准定位。

③ 半圆套。图 1 - 22 所示为两种半圆套定位装置。其下面的半圆套部分起定位作用,上面的半圆套部分起夹紧作用。采用半圆套定位时,限制工件自由度的情况与圆套筒相同。半圆套定位装置主要适用于大型轴类工件及不方便从轴向进行装卸的工件。

④ 圆锥套。图 1 - 23 所示为通用的外拨顶尖。工件以圆柱面的端部在外拨顶尖的锥孔中定位,限制了工件的三个移动自由度。锥孔内有齿纹,可带动工件旋转。顶尖体的锥柄部分插入机床主轴孔中。

(4) 工件以一面两孔定位

在加工箱体、杠杆、盖板和支架等零件时,工件常以两个轴线互相平行的孔及与两孔轴线相垂直的大平面为定位基准面,如图 1 - 24 所示。所用的定位元件为一大支承板,它限制了工件的三个自由度;一个圆柱销限制了工件两个自由度;一个菱形销(削边销)限制了工件绕圆柱销转动的一个自由度。工件以一面两孔定位,共限制了工件的六个自由度,属于完全定位形式,而且易于做到在工艺过程中的基准统一,便于保证工件的相互位置精度。

　　注意:工件以一面两孔定位时,如不采用一个圆柱销和一个菱形销,而是采用两个圆柱销,则由于两个圆柱销均限制工件两个相同的自由度,会造成工件在两孔中心连线方向上出现过定位。由于工件上两定位孔的孔距及夹具上两销的销距都有误差,当误差较大时,这种过定位会使工件无法正确装到夹具上定位。因此,实际生产中,工件以一面两孔定位时,一般不采用两个圆柱销,而是采用一个圆柱销和一个菱形销。

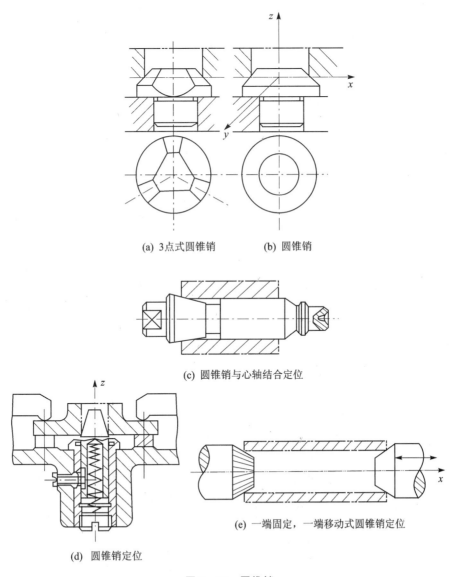

(a) 3点式圆锥销　　　　(b) 圆锥销

(c) 圆锥销与心轴结合定位

(d) 圆锥销定位

(e) 一端固定,一端移动式圆锥销定位

图 1 − 19　圆锥销

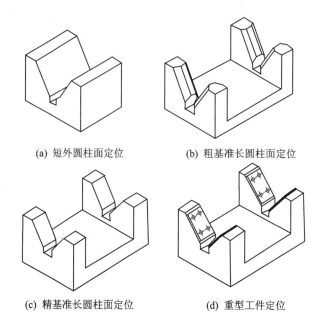

(a) 短外圆柱面定位　　　　　　　(b) 粗基准长圆柱面定位

(c) 精基准长圆柱面定位　　　　　　(d) 重型工件定位

图 1 - 20　V 形架的结构形式

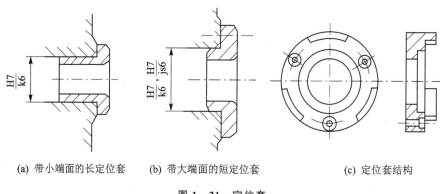

(a) 带小端面的长定位套　　(b) 带大端面的短定位套　　　　(c) 定位套结构

图 1 - 21　定位套

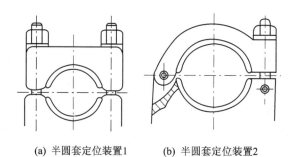

(a) 半圆套定位装置1　　　　(b) 半圆套定位装置2

图 1 - 22　半圆套定位装置

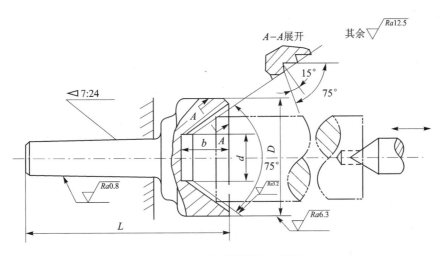

图 1 - 23 工件在圆锥套中定位

（5）辅助支承

在工件定位时，不限制工件自由度，用于辅助定位的支承称为辅助支承。

生产中，由于工件形状以及夹紧力、切削力、工件重力等原因可能使工件在定位后会产生变形或定位不稳定，为了提高工件的装夹刚性和稳定性，常需要设置辅助支承，如图 1 - 25 所示。工件以内孔、端面及右后面定位钻小孔。若右端不设支承，则工件装夹好后，右边悬空，刚性差。若在 A 处设置固定支承，则属重复定位，有可能破坏左端的定位。若在 A 处设置辅助支承，则能增加工件的装夹刚性。

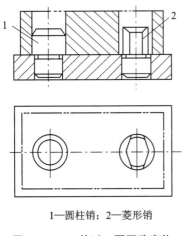

1—圆柱销；2—菱形销

图 1 - 24 工件以一面两孔定位

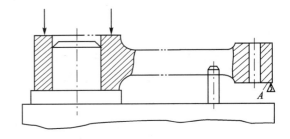

图 1 - 25 辅助支承的应用

应强调指出的是，辅助支承只能起提高工件刚性的辅助作用，而绝不能允许它破坏基本支承应起的主要定位作用，即辅助支承不起限制自由度的作用，只起增加工件刚性的作用。因此，使用辅助支承时需要等工件定位夹紧好以后，再调整辅助支承的高度，使其与工件的有关表面接触并锁紧。

2. 对定位元件的基本要求

① 足够的精度。定位元件的精度将直接影响工件的定位精度。可根据分析计算、查设计

手册、参考工厂现有资料或经验等合理确定定位元件的制造公差。

② 耐磨性好。定位元件在使用过程中会受到磨损,从而导致定位精度的下降,当磨损到一定程度时,定位元件必须更换。为了延长定位元件的更换周期,提高夹具的使用寿命,定位元件应有较好的耐磨性。

③ 足够的强度和刚度。定位元件不仅起到限制工件自由度的作用,而且在加工过程中还要承受工件重力、切削力、夹紧力等,因此,定位元件必须要有足够的强度和刚度。

④ 工艺性好。定位元件的结构应力求简单、合理,便于制造、装配和维修。

1.4.3　定位基准的选择

在制订零件机械加工工艺规程时,定位基准的选择是否合理意义十分重大。它不仅影响到工件装夹是否准确、可靠和方便,加工精度是否易于保证,而且影响到零件上各加工表面的加工顺序,甚至还会影响到所采用的工艺装备的复杂程度。

1. 基准及其分类

用来确定生产对象上几何要素间的几何关系所依据的那些点、线、面称为基准。基准包括设计基准和工艺基准两大类。工艺基准又分为定位基准、测量基准、工序基准和装配基准。

(1) 设计基准

设计图样上所采用的基准称为设计基准。它是标注设计尺寸的起点,是中心线、对称线、圆心等。图1-26(a)所示的零件,平面 A 是平面 B、C 的设计基准,平面 D 是平面 E、F 的设计基准。在水平方向,平面 D 也是孔7和孔8的设计基准;在垂直方向,平面 A 是孔7的设计基准,孔7又是孔8的设计基准。图1-26(b)所示的钻套零件,孔中心线是外圆与内孔径向圆跳动的设计基准,也是端面 B端面圆跳动的设计基准;端面 A 是端面 B、C的设计基准。

(2) 工艺基准

在工艺过程中所采用的基准称为工艺基准。按用途不同可将其分为以下4种:

① 工序基准。在工序简图上用来确定本工序加工表面加工后的尺寸、形状、位置的基准称为工序基准。工序基准是用来在工序简图上标注本工序加工表面加工后应保证的尺寸、形状和位置的基准。

② 测量基准。工件在测量、检验时所使用的基准称为测量基准。

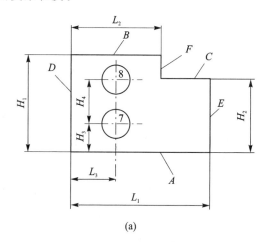

(a)

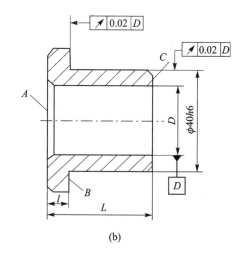

(b)

图1-26　设计基准分析

③ 装配基准。装配时用来确定零件或部件在产品中的相对位置所采用的基准称为装配基准。

④ 定位基准。在加工中用作定位的基准称为定位基准,它的位置即表明了工件在机床或夹具上的位置,用该基准可以使工件在机床或夹具上占据确定的位置。工件在机床或夹具上定位时,定位基准就是工件上直接与机床或夹具的定位元件相接触的点、线、面。

定位基准又可分为粗基准和精基准:

➤ 粗基准　用作定位基准的表面,如果是没经过切削加工的毛坯面,则称为粗基准。

➤ 精基准　用作定位基准的表面,如果是经过切削加工的表面,则称为精基准。

注意:零件上的基准通常是零件表面上具体存在的一些点、线、面,但也可以是一些假定的点、线、面,例如孔或轴的中心线、槽的对称面等。这些假定的基准,必须由零件上某些相应的具体表面来体现,这样的表面称为定位基准面。例如,当采用轴类零件中心孔定位时,定位基准是零件的轴心线,而与定位元件顶尖相接触的中心孔锥面则是定位基准面。也就是说,当选择工件上的平面作为定位基准时,该平面同时也是定位基准面;当选择工件上的内孔或外圆中心线作定位基准时,内孔或外圆柱面为定位基准面。

2. 基准选择原则

下面介绍定位基准(包括粗基准和精基准)选择时应遵循的原则。

(1) 粗基准的选择

零件的机械加工是从毛坯开始的。由于在毛坯上还没有任何一个已经过切削加工的表面,因此,在机械加工的起始工序中,一开始选用的定位基准必然是粗基准。由于毛坯表面较粗糙,各表面之间的位置精度较低,这就构成了粗基准选择的特殊性。为了能够合理选择粗基准,一般应遵循以下原则。

1) 不加工表面原则

当零件上有一些表面不需要进行机械加工,且不加工表面与加工表面之间具有一定的相互位置精度要求时,应以不加工表面中与加工表面相互位置精度要求高的不加工表面作为粗基准。如图 1-27 所示,内孔和端面需要加工,外圆表面不需要加工,则应选外圆 A 表面作为粗基准。

2) 余量最小原则

当零件上有较多的表面需要加工时,为使各加工表面都能得到足够的加工余量,应选择毛坯上加工余量最小的表面作为粗基准,如图 1-28 所示。

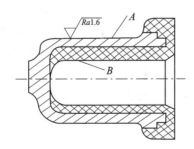

图 1-27　粗基准选择示例(一)

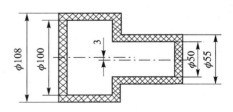

图 1-28　粗基准选择示例(二)

3) 重要表面原则

有些零件的某些表面非常重要,为保证重要加工表面余量小而均匀,应以该重要表面作为粗基准。如图 1-29 所示的机床床身零件,要求导轨面应有较好的耐磨性,以保持其导向精度。铸造时床身导轨面朝下,决定了导轨面处的金属组织均匀而致密,在机械加工中,为保留这样良好的金属组织,应使导轨面上的加工余量尽量小而均匀,故应选择导轨面作粗基准。

4) 不重复使用原则

粗基准应尽量避免重复使用,在同一尺寸方向上通常只允许使用一次。由于作为粗基准的毛坯表面一般都比较粗糙且精度较低,在工件装夹时只能以该表面凸出的部位与夹具相接触。如果在两次装夹中重复使用同一粗基准,会因为实际接触位置的不同而产生较大的定位误差,使两次装夹后分别加工出的表面之间出现较大的位置误差,如图 1-30 所示。

5) 方便可靠原则

应尽量选择没有飞边、浇口、冒口或其他缺陷的平整表面作粗基准,使工件定位稳定,夹紧可靠。

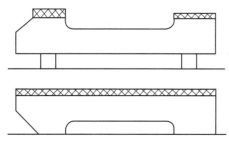

图 1-29 床身加工粗基准选择

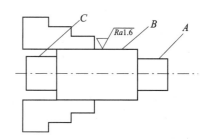

图 1-30 粗基准重复使用示例

(2) 精基准的选择

以粗基准定位加工出了一些表面之后,在后续的加工中,就应以精基准作为主要定位基准。选择精基准时,主要考虑的问题是如何便于保证加工精度和装夹方便、可靠。为此,一般应遵循以下原则。

1) 基准重合原则

为了较容易地获得加工表面对其设计基准的相对位置精度要求,应直接选择加工表面的设计基准(或工序基准)作为定位基准,这一原则称为基准重合原则。按照基准重合原则选用定位基准,便于保证加工精度,否则会产生基准不重合误差,影响加工精度。例如在图 1-31 中,当工件表面间的尺寸按图 1-31(a)所示进行标注时,表面 D 和表面 C 的加工根据基准重合原则,应选择设计基准 A 为定位基准。加工后,表面 D、C 相对 A 的平行度取决于机床的几何精度,尺寸精度 T_a 和 T_b 则取决于机床-刀具-工件等一系列工艺因素。

当零件表面间的尺寸标注如图 1-31(b)所示时,如果仍然选择表面 A 作定位基准,分别加工 D 面和 C 面,则对于 D 面来说,是符合基准重合原则的,而对于 C 面来说,则定位基准与设计基准不重合。

表面 C 的加工情况如图 1-32 所示。加工尺寸 c 的误差分布如图 1-32(b)所示。从图中可看出,在加工尺寸 c 时,不仅包含本工序的加工误差 Δc,而且还包含尺寸 a 的加工误差,这是由于基准不重合所造成的。这个误差称基准不重合误差(ΔB),其最大值为定位基准(A

面)与设计基准(D 面)间位置尺寸 a 的公差 T_a。为了保证尺寸 c 的精度要求,上述两个误差之和应小于或等于尺寸 c 的公差:

$$\Delta c + \Delta B(T_a) \leqslant T_c$$

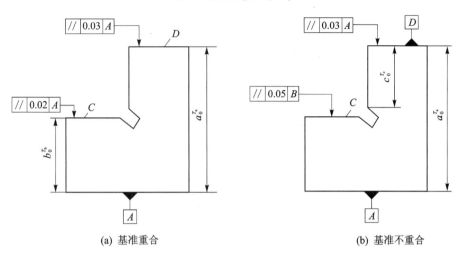

(a) 基准重合　　　　　　　　　　　　　(b) 基准不重合

图 1 - 31　零件的尺寸标注

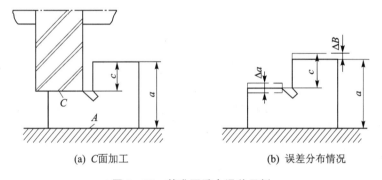

(a) C 面加工　　　　　　　　　　　　　(b) 误差分布情况

图 1 - 32　基准不重合误差示例

从上式可以看出,在 T_c 为一定值时,由于 ΔB 的出现,势必要减小 Δc 值,即需要提高本工序的加工精度。因此,在选择定位基准时应尽可能遵守基准重合原则。

遵守基准重合原则,有利于保证加工表面获得较高的加工精度。所以,在工件的精加工阶段,尤其是表面之间位置精度要求较高的表面最终加工时,更应特别遵守这一原则。

应用基准重合原则时,应注意具体条件。定位过程中产生的基准不重合误差,是在用调整法加工一批工件时产生的。若用试切法加工,直接保证设计要求,则不存在基准不重合误差。

2) 基准统一原则

当工件以某一组精基准定位,可以比较方便地对其余多个表面进行加工时,应尽早地在工艺过程的开始阶段就把这组精基准加工出来,并达到一定的精度,在以后各道工序中都以其作为定位基准,就称为基准统一原则。

例如,在轴类零件的加工中,经常在工艺过程的一开始就首先将两顶尖加工出来,以后在很多道工序中都采用两顶尖孔作为统一的定位基准,分别加工各外圆表面、圆锥表面、螺纹及花键等,这便符合了基准统一原则。又如,在中批以上的箱体类零件的加工中,经常以一个大平面和两个孔作为统一的定位基准,加工箱体上的许多平面和孔系,这便也符合基准统一原则。

基准统一原则经常用于加工内容较多的复杂零件。当工件上没有合适的表面作为统一的基准时,常在工件上加工出一组专供定位用的基准面。这些基准面有时是与设计基准重合的(如轴类零件的顶尖孔),有时则不相重合(如箱体加工时以一面两孔定位)。作为统一基准的表面,由于在加工过程中多次使用,容易产生磨损而降低精度,以至影响定位的精度和可靠性,故应在使用过程中注意保护,必要时还要进行修整加工。

3) 互为基准原则

当工件上存在两个相互位置精度有要求的表面时,可以认为它们彼此之间是互为基准的。如果对这些表面本身的加工精度和其间的相互位置精度都有很高的要求,且均适宜作为定位基准,则可采用互为定位基准的办法来进行反复加工。即先以其中一个表面为基准加工另一个表面,然后再以加工过的表面为定位基准加工刚才的基准面,如此反复进行几轮加工,就称为互为基准原则。

这种加工方案不仅符合基准重合原则,而且在反复加工的过程中,基准面的精度愈来愈高,加工余量亦逐步趋于小而均匀,因而最终可获得很高的相互位置精度。所以,对一些同轴度或平行度等相互位置精度要求较高的精密零件,在生产中经常采用这一原则。

4) 自为基准原则

选择加工表面本身作为定位基准,称为自为基准原则。当有些精加工和光整加工工序要求加工余量必须小而均匀时,经常采用这一原则。如图 1-33 所示,机床床身零件在最后精磨床身导轨面时,经常在磨头上装上百分表,工件置于可调支承上,以导轨面本身为基准进行找正定位,保证导轨面与磨床工作台平行后,再进行磨削加工来保证磨削余量的小而均匀,以利于提高导轨面的加工质量和磨削生产率。有的加工方法,例如浮动铰孔、拉孔、形磨孔以及攻螺纹等,只有在加工余量均匀一致的情况下,才能保证刀具的正常工作。一般常采用刀具与工件相对浮动的方式来确定刀具与加工表面之间的正确位置。这些都是以加工表面本身作为定位基准的实例。

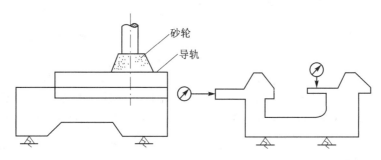

图 1-33　机床导轨面自为基准示例

按自为基准原则加工时,只能提高加工表面本身的尺寸和形状精度,而不能提高其位置精度。加工表面与其他表面之间的位置精度,需由前面的有关工序来保证,或在后续工序中,采用以该加工表面作为定位基准对其他表面进行加工的办法来予以保证。

1.5　任务5　工艺路线的制订

工艺路线的拟定是工艺规程制订过程中的关键阶段,是工艺规程制订的总体设计。所拟定的工艺路线合理与否,不但影响加工质量和生产率,而且影响工人、设备、工艺装备及生产场地等的合理利用,从而影响生产成本。因此,工艺的拟定应在仔细分析零件图,合理确定毛坯的基础上,结合具体的生产类型和生产条件,并依据下面所述的一般性原则来进行。其主要工作包括各加工表面加工方法与加工方案的选择、工序集中与分散程度的确定、工序顺序的安排、定位与夹紧方案的确定等内容。设计时一般应提出几种方案,通过分析对比,从中选择出最佳方案。

1.5.1　加工方法和加工方案的选择

各种零件的结构形状虽各不相同,但它们都是由外圆、内孔、平面及成形面等组合而成的。不同的加工表面,所采用的加工方法往往不同,同一种加工表面,可能会有许多种加工方法可供选择。一般加工精度较低的表面时,可能只需进行一次加工即可;而加工精度较高的表面时,往往需要经过粗加工、半精加工、精加工甚至光整加工才能逐步达到最终要求。在具体选择时,应根据工件的加工精度、表面粗糙度、材料和热处理要求,工件的结构形状和尺寸大小,生产纲领等条件,以及本车间设备情况、技术水平,并结合各种加工方法的经济精度、表面粗糙度等因素,综合考虑进行选择。应同时满足加工质量、生产率和经济性等方面的要求。

为了能正确地选择加工方法和加工方案,应了解生产中各种加工方法和加工方案的特点及其经济加工精度和经济表面粗糙度。

所谓经济精度是指在正常加工条件下(采用符合质量标准的设备、工艺装备和标准技术等级的工人,不延长加工时间)所能保证的加工精度。经济表面粗糙度的概念类同于经济精度的概念。各种加工方法和加工方案及其所能达到的经济精度和经济表面粗糙度均已制成表格,在有关机械加工的各种手册中都能查到。表1-6、表1-7和表1-8分别摘录了外圆、平面和孔的加工方法、加工方案及其经济精度和经济表面粗糙度,供选用时参考。

表 1-6　外圆柱面加工方案

序　号	加工方法	经济精度 (公差等级表示)	经济表面粗糙度 (Ra 值/μm)	适用范围
1	粗车	IT11～13	12.5～50	
2	粗车—半精车	IT8～10	3.2～6.3	适用于淬火钢以外的各种金属
3	粗车—半精车—精车	IT7～8	0.8～1.6	
4	粗车—半精车—精车—滚压(或抛光)	IT7～8	0.025～0.2	

续表 1 - 6

序 号	加工方法	经济精度 (公差等级表示)	经济表面粗糙度 (Ra 值/μm)	适用范围
5	粗车—半精车—磨削	IT7～8	0.4～0.8	主要适用于淬火钢,也可用于非淬火钢,但不适用于有色金属
6	粗车—半精车—粗磨—精磨	IT6～7	0.1～0.4	
7	粗车—半精车—粗磨—精磨—超精加工(或轮式超精磨)	IT5	0.012～0.1 (或 Rz 0.1)	
8	粗车—半精车—精车—精细车(金刚车)	IT6～7	0.025～0.4	主要适用于要求较高的有色金属加工
9	车—半精车—粗磨—精磨—超精磨(或镜面磨)	IT5 以上	0.006～0.025 (或 Rz 0.05)	适用于要求极高精度的外圆加工
10	车—半精车—粗磨—精磨—研磨	IT5 以上	0.006～0.1 (或 Rz 0.05)	

表 1 - 7 平面加工方案

序 号	加工方法	经济精度 (公差等级表示)	经济表面粗糙度 (Ra 值/μm)	适用范围
1	粗车	IT11～13	12.5～50	端面
2	粗车—半精车	IT8～10	3.2～6.3	
3	粗车—半精车—精车	IT7～8	0.8～1.6	
4	粗车—半精车—磨削	IT6～8	0.2～0.8	
5	粗铣(或粗刨)	IT11～13	6.3～25	一般不淬硬平面(端铣表面粗糙度 Ra 值较小)
6	粗铣(或粗刨)—精铣(或精刨)	IT8～10	1.6～6.3	
7	粗铣(或粗刨)—精铣(或精刨)—刮研	IT6～7	0.1～0.8	精度要求较高的不淬硬平面,批量较大时宜采用宽刃精刨方案
8	以宽刃精刨代替上述刮研	IT7	0.2～0.8	
9	粗铣(或粗刨)—精铣(或精刨)—磨削	IT7	0.2～0.8	精度要求较高的淬硬表面或不淬硬表面
10	粗铣(或粗刨)—精铣(或精刨)—粗磨—精磨	IT6～7	0.025～0.4	
11	粗铣—拉削	IT7～9	0.2～0.8	大批量生产,较小的平面(精度视拉刀精度而定)
12	粗铣—精铣—磨削—刮研	IT5 以上	0.006～0.1	高精度平面

表 1-8 内孔加工方案

序 号	加工方法	经济精度 （公差等级表示）	经济表面粗糙度 （Ra 值/μm）	适用范围
1	钻	IT11～13	12.5	加工未淬火钢及铸铁的实心毛坯，也可用于加工有色金属，孔径小于 20 mm
2	钻—扩	IT8～10	1.6～6.3	
3	钻—粗铰—精铰	IT7～8	0.8～1.6	
4	钻—扩	IT10～11	6.3～12.5	加工未淬火钢及铸铁的实心毛坯，也可用于加工有色金属，孔径大于 20 mm
5	钻—扩—铰	IT8～9	1.6～3.2	
6	钻—扩—粗铰—精铰	IT7	0.8～1.6	
7	钻—扩—机铰—手铰	IT6～7	0.2～0.4	
8	钻—扩—拉	IT7～9	0.1～1.6	大批量生产（精度由拉刀精度而定）
9	粗镗（扩孔）	IT11～13	6.3～12.5	除淬火钢外各种材料，毛坯有铸造或锻造出的底孔
10	粗镗（粗扩）—半精镗（精扩）	IT9～10	1.6～3.2	
11	粗镗（粗扩）—半精镗（精扩）—精镗（铰）	IT7～8	0.8～1.6	
12	粗镗（粗扩）—半精镗（精扩）—精镗—浮动镗刀精镗	IT6～7	0.4～0.8	
13	粗镗（扩）—半精镗—磨孔	IT7～8	0.2～0.8	主要用于淬火钢，也可用于非淬火钢，但不宜用于有色金属
14	粗镗（扩）—半精镗—粗磨—精磨	IT6～7	0.1～0.2	
15	粗镗—半精镗—精镗—精细镗（金刚镗）	IT6～7	0.05～0.4	主要用于精度要求较高的有色金属
16	上述各种方法后进行珩磨	IT6～7	0.025～0.2	精度要求很高的孔
17	上述各种方法后进行研磨	IT5 以上	0.006～0.1	

例如，加工除淬火钢以外的各种金属材料的外圆柱表面，当精度在 IT11～IT13、表面粗糙度值 Ra 在 12.5～50 μm 之间时，采用粗车的方法即可；当精度在 IT7～IT8、表面粗糙度值 Ra 在 0.8～1.6 μm 之间时，可采用粗车—半精车—精车的加工方案。这时，如采用磨削加工方法，由于其成本较高，一般来说是不经济的。反之，在加工精度为 IT6 级的外圆柱表面时，需要在车削的基础上进行磨削，如不用磨削，只采用车削，需要仔细刃磨刀具、精细调整机床、采用较小的进给量等，加工时间较长，也是不经济的。因此，在选择各种加工表面的加工方法

和加工方案时,只要现场的加工条件许可,均应选择与该加工表面的精度等级相适应的加工方法和加工方案,以保证在满足加工精度和表面粗糙度要求的同时,生产率较高,经济性较好。

在选择加工表面的加工方法和加工方案时,应综合考虑下列因素:

1. 加工表面的技术要求

技术要求主要是零件图上所规定的要求,但有时由于工艺上的原因,会在某些方面提出一些更高的要求。例如由于基准不重合而提高某些表面的加工要求,或由于某些不加工表面或精度要求较低的表面要在工艺过程中作为精基准而对其提出更高的加工要求等。当明确了各加工表面的技术要求后,即可根据这些要求按经济精度和经济表面粗糙度选择最合适的加工方法和加工方案。

2. 工件材料的性质

加工方法的选择,常受工件材料性质的限制。例如,淬火钢的精加工要采用磨削,有色金属的精加工为避免磨削时堵塞砂轮,要用高速精细车或金刚镗等。

3. 工件的形状和尺寸

工件的形状和加工表面的大小不同,采用的加工方法和加工方案往往不同。例如,公差等级为IT7的孔可采用镗、铰、拉和磨的方法加工,但箱体上的孔一般不宜采用拉或磨;一般情况下,大孔常常采用粗镗、半精镗和精镗的方法,小孔常采用钻、扩、铰的方法。

4. 生产类型

选择加工方法时必须考虑生产率和经济性。大批量生产应选用生产率高和质量稳定的加工方法,例如,平面和孔可采用拉削加工;单件小批生产则应选择设备和工艺装备易于调整,准备工作量小,工人便于操作的加工方法,应采用一般的加工方法,例如镗孔或钻、扩、铰孔及铣、刨平面等。

5. 具体生产条件

应充分利用现有设备和工艺手段,发挥群众的创造性,挖掘企业潜力,重视新技术、新工艺的应用与推广,不断提高工艺水平。有时因现有设备的负荷等原因,不便及时利用,还须改用其他加工方法。

1.5.2　加工顺序的安排

零件表面的加工方法和加工方案确定之后,就要安排加工顺序,即确定哪些表面先加工,哪些表面后加工,同时还要确定热处理、检验等工序在工艺过程中的位置。零件加工顺序安排是否合适,对加工质量、生产率和经济性有较大影响。

1. 加工阶段的划分

当零件的加工质量要求比较高时,往往不可能在一道工序中完成全部加工工作,而必须分几个阶段来进行加工。

(1)加工阶段

① 粗加工阶段。这一阶段的主要任务是切去大部分余量。关键问题是提高生产率。

② 半精加工阶段。这一阶段的主要任务是为零件主要表面的精加工做好准备(达到一定的精度和表面粗糙度,留下合适的精加工余量),并完成一些次要表面的加工(例如,钻孔、攻螺纹、铣键槽等)。

③ 精加工阶段。这一阶段的主要任务是保证零件主要加工表面的尺寸精度、形状精度、

位置精度及表面粗糙度要求。这是关键的加工阶段，大多数零件的加工经过这一加工阶段就已完成。

④ 光整加工阶段。对于零件尺寸精度和表面粗糙度要求很高（IT5、IT6 级以上，$Ra \leqslant 0.20~\mu m$）的表面，还要安排光整加工阶段。这一阶段的主要任务是提高尺寸精度和减小表面粗糙度值，但一般不用来纠正位置误差，位置精度由前面工序保证。

（2）划分加工阶段的原因

1）有利于保证加工质量

工件粗加工时切除金属较多，切削力和夹紧力都比较大，产生的切削热也较大。在这些力和热的作用下，工件会发生较大的变形，并产生较大的内应力。如果不分阶段连续进行粗精加工，就无法避免上述原因引起的加工误差。加工过程分阶段后，粗加工造成的加工误差，通过半精加工和精加工即可得到纠正，并逐步提高零件的加工精度和减小表面粗糙度值。

2）合理使用设备

加工过程分阶段后，粗加工可采用功率大、刚度好和精度较低的机床加工，精加工则可采用高精度机床，以确保零件的精度要求，这样既充分发挥了设备的各自特点，也做到了设备的合理使用。

3）便于安排热处理

粗加工阶段前后，一般要安排去应力等预备热处理工序，精加工前要安排淬火等最终热处理，其变形可以通过精加工予以消除。

4）便于及时发现毛坯缺陷

毛坯经粗加工阶段后，缺陷已暴露，可以及时发现和处理。同时精加工工序安排在最后，可以避免已加工好的表面在搬运和夹紧中受到损伤。

零件加工阶段划分也不是绝对的，当加工质量要求不高、工件刚度足够、毛坯质量高和加工余量小时，可以不划分加工阶段，直接进行半精加工或精加工。有些重型零件，由于装夹、运输费时又困难，也常在一次装夹中完成全部的粗加工和精加工。

2. 工序集中与工序分散

工序集中与工序分散是拟定工艺路线时确定工序数目或工序内容多少的两种不同原则，它与设备类型的选择有密切的关系。

（1）工序集中和工序分散的概念

工序集中就是将工件的加工集中在少数几道工序内完成，每道工序的加工内容较多。工序分散就是将工件的加工分散在较多的工序内进行，每道工序的加工内容很少，最少时每道工序仅有一个简单的工步。

（2）工序集中和工序分散的特点

1）工序集中的特点

➤ 采用高效专用设备及工艺装备，生产率高。

➤ 工件装夹次数较少，易于保证表面间位置精度，还能减少工序间运输量，缩短生产周期。

➤ 工序数目少，可减少机床数量、操作工人数和生产面积，还可简化生产计划和生产组织工作。

➤ 因采用结构复杂的专用设备及工艺装备，故投资大，调整和维修复杂，生产准备工作量大，转换新产品比较费时。

2）工序分散的特点

➤ 设备及工艺装备比较简单，调整和维修方便，工人容易掌握，生产准备工作量少，又易于平衡工序时间，可适应产品更换。

➤ 可采用最合理的切削用量，减少机动时间。

➤ 设备数量多，操作工人多，占用生产面积也大。

（3）工序集中与工序分散的选用

工序集中与工序分散各有利弊，应根据生产类型、现有生产条件、工件结构特点和技术要求等进行综合分析后选用。

一般来说，产品品种较多又经常变换时，适于采用工序分散的原则。对于刚性差且精度高的精密零件，则工序应适当分散，由于数控机床和柔性制造系统的发展，也可采用工序集中的原则。对于重型零件，为了减少工件装卸和运输的劳动量，工序应适当集中。单件小批生产采用工序集中，以便简化生产组织工作。目前的发展趋向于工序集中。

3. 加工顺序的确定

复杂零件的机械加工工艺路线要经过一系列切削加工、热处理和辅助工序。因此，在拟定工艺路线时，工艺人员要全面地把切削加工、热处理和辅助工序三者一起加以考虑。一般应遵循以下原则：

（1）切削加工工序的安排原则

1）先基面后其他

用作精基准的表面应优先加工出来，以便尽快为后续工序的加工提供精基准。例如，加工轴类零件时，总是先加工中心孔，再以中心孔为基准加工外圆表面和台阶面。

② 先粗后精原则

各个表面的加工顺序按照粗加工—半精加工—精加工—光整加工的顺序依次进行，逐步提高表面的加工精度和减小表面粗糙度。

3）先主后次原则

先安排主要表面的加工，次要表面的加工可适当穿插在主要表面的加工工序之间进行。所谓主要表面是指在整个零件上加工精度要求高、表面粗糙度值要求低的装配表面、工作表面，它们是整个工件加工中的关键所在。次要表面是指工件上的键槽、螺纹孔等。次要表面一般加工量都较少，加工比较方便。

4）先面后孔原则

对于箱体、支架类零件，平面轮廓尺寸大，一般先加工平面，再加工孔和其他尺寸。这样安排加工顺序，一方面用加工过的平面定位，稳定可靠；另一方面在加工过的平面上加工孔，比较容易，并能提高孔的加工精度，特别是钻孔时，孔的轴线不易偏斜。

（2）热处理工序的安排原则

为提高材料的力学性能、改善材料的切削加工性能和消除工件的内应力，在工艺过程中要适当安排一些热处理工序。热处理工序在工艺路线中的安排主要取决于零件的材料和热处理的目的。

1）预备热处理

预备热处理的目的是改善材料的切削性能，消除毛坯制造时的残余应力，改善组织。常用的有：调质、时效、正火、退火等。为了提高零件的综合力学性能而进行的热处理，例如调质，应安排在粗加工之后半精加工之前进行,对于一些没有特别要求的零件,调质也常作为最终热处理。而正火和退火常安排在毛坯制造之后,粗加工之前。

2) 最终热处理

最终热处理的目的是提高零件的强度、表面硬度和耐磨性。常用的有:淬火、渗碳、渗氮等,为减少热处理后工件的变形,一般常安排在精加工工序(磨削加工)之前。

(3) 辅助工序的安排原则

辅助工序包括工件的检验、去毛刺、清洗和涂防锈油等,其中检验工序是主要的辅助工序,它对保证产品质量有极重要的作用。辅助工序一般应安排在:

① 粗加工全部结束后,精加工之前。

② 工件从一个车间转向另一个车间前后。

③ 重要工序加工前后。

④ 零件全部加工结束之后。

加工顺序的安排是一个比较复杂的问题,影响的因素也比较多,不是一成不变的,应全面、灵活掌握以上原则,并注意积累生产实践经验。

1.6　任务6　工序尺寸及其公差的确定

零件要求保证的设计尺寸一般要经过几道工序的加工才能得到,每道工序加工后应达到的加工尺寸就是工序尺寸。制订工艺规程的重要工作之一就是确定每道工序的工序尺寸及其公差。合理确定工序尺寸及其公差是保证加工精度的基础之一。不同情况下,工序尺寸及其公差的确定方法是不一样的,现归纳为以下几种方法予以介绍。

1.6.1　余量法

生产中有些加工面是在基准重合(定位基准与工序基准重合)的情况下进行加工的。所以,掌握基准重合情况下工序尺寸与公差的确定过程非常重要,可采用余量法进行确定。具体方法如下:

① 确定加工总余量和各加工工序的加工余量。有的查表(如总余量),有的计算(如粗加工余量)。

② 从终加工工序开始,即从设计尺寸开始,到第一道加工工序,逐次加上每道加工工序的余量,可分别得到各工序基本尺寸(包括毛坯尺寸)。

③ 终加工工序的公差按设计要求确定,其他各加工工序按各自所采用的加工方法、加工经济精度,确定工序尺寸公差。

④ 填写工序尺寸,并按"入体原则"标注工序尺寸公差。

【例 1-1】　某零件上一孔的设计要求为 $\phi100^{+0.035}_{0}$ mm,Ra 为 0.8 μm,如图 1-34 所示。毛坯为铸铁件,其加工工艺路线为:毛坯—粗镗—半精镗—精镗—浮动镗。求各工序尺寸及其公差。

解:按上述方法

(1) 确定加工总余量和各工序余量

经查表得浮动镗余量为 0.1 mm,精镗余量为 0.5 mm,半精镗余量为 2.4 mm,粗镗余量为

5 mm,所以加工总余量＝(0.1＋0.5＋2.4＋5) mm＝8 mm。或先确定加工总余量为8 mm,则粗镗余量＝(8−0.1−0.5−2.4) mm＝5 mm。

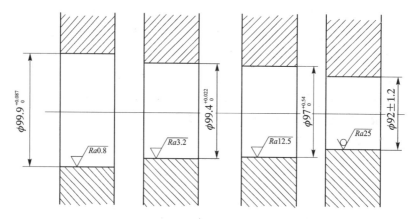

图 1-34　内孔工序尺寸计算

(2) 计算各工序尺寸

从零件图上的设计尺寸开始往前一直推算到毛坯尺寸。

浮动镗的工序尺寸即为设计尺寸 $\phi100$ mm。

精镗：$\phi(100-0.1)$ mm＝$\phi99.9$ mm。

半精镗：$\phi(99.9-0.5)$ mm＝$\phi99.4$ mm。

粗镗：$\phi(99.4-2.4)$ mm＝$\phi97$ mm。

毛坯：$\phi(97-5)$ mm＝$\phi92$ mm 或 $\phi(100-8)$ mm＝$\phi92$ mm。

(3) 确定工序尺寸公差

最后一次加工浮动镗的公差即为设计尺寸公差 H7(＋0.035),其余工序尺寸公差按经济精度查表确定,并按"入体原则"确定偏差:精镗 H9(＋0.087),半精镗 H11(＋0.22),粗镗 H13(＋0.54),毛坯±1.2 mm 。

(4) 标注工序尺寸公差

最后一次加工浮动镗的公差按设计尺寸标注,即

浮动镗：$\phi100^{+0.035}_{0}$ mm。

精镗：$\phi99.9^{+0.087}_{0}$ mm。

半精镗：$\phi99.4^{+0.22}_{0}$ mm。

粗镗：$\phi97^{+0.54}_{0}$ mm。

毛坯：$\phi92\pm1.2$ mm。

由上述示例可以看出,当基准重合,表面需要多次加工时,工序尺寸及其公差的确定比较容易,只需考虑每次加工时的加工余量和所能达到的经济精度,并由最后一次加工开始向前推算,直到毛坯尺寸。

为方便起见,一些常用的基准孔的工序尺寸及其公差,按零件精度要求和加工方法的不同制成了表格,使用时可直接查取。这些表格在各种机械加工工艺手册中均能查到。

1.6.2　工艺尺寸链法

工艺尺寸链法即通过解算工艺尺寸链来确定工序尺寸及其公差的一种方法。该方法多用

于工艺基准与设计基准不重合时工序尺寸及其公差的确定。

1. 工艺尺寸链的基本知识

(1) 尺寸链的概念、种类

在机器装配或零件加工过程中，由相互联系且按一定顺序排列的尺寸形成首尾相接的封闭尺寸图形，称为尺寸链。如图 1-35(a)所示的尺寸 $A_0 \sim A_5$ 是相互联系的尺寸，它们首尾相接形成的封闭尺寸图形即为尺寸链。而工艺尺寸链是全部组成环为同一零件上的工艺尺寸所形成的尺寸链。

为了便于分析和计算尺寸链，对尺寸链中的各尺寸作如下定义：

① 环。列入尺寸链中的每一尺寸均称为环。环分为封闭环和组成环两种。

② 封闭环。封闭环是尺寸链中在设计、装配或加工过程中最后(自然或间接)形成的一个环。一个尺寸链必有、且只有一个封闭环。

③ 组成环。尺寸链中除封闭环外的其余环均为组成环。组成环对封闭环有影响，任一组成环的变动必然引起封闭环的变动。组成环又可分为增环和减环。

④ 增环。尺寸链中的组成环，该环的变动会引起封闭环的同向变动。同向变动是指，在其余组成环大小不变时，该环增大封闭环随之增大，该环减小封闭环随之减小。

⑤ 减环。尺寸链中的组成环，该环的变动会引起封闭环的反向变动。反向变动是指，在其余组成环大小不变时，该环增大封闭环随之减小，该环减小封闭环反而增大。

当尺寸链中的环数较少时，可以直接用上述定义判别组成环中的增减环。当尺寸链中的环数较多时，用定义直接判别较麻烦，这时可用环绕法判别。方法如下：先按封闭环的尺寸标注方向任意给封闭环确定一个方向，在图 1-35(b)中，其封闭环方向定为向右。沿该方向环绕尺寸链一周，在此过程中，遇到一个环，就沿环绕方向给该环定一个方向，凡某一环的方向与封闭环的方向相反，则该环即为增环，反之，即为减环。在尺寸链图中，增环用该环字母上标向右的箭头表示，减环用该环字母上标向左的箭头表示，如图 1-35(c)所示。

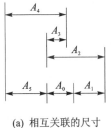

(a) 相互关联的尺寸

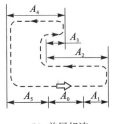

(b) 首尾相连

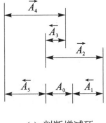

(c) 判断增减环

图 1-35　尺寸链

(2) 工艺尺寸链的特征

尺寸链具有两个特征：

① 封闭性。尺寸链是由一个封闭环和若干个组成环相互连接形成的一个封闭图形，具有封闭性，不封闭就不是尺寸链。

② 关联性。尺寸链中的任意一个组成环发生变化，封闭环都将随之发生变化，它们相互之间是关联的，组成环是自变量，封闭环是因变量。

（3）工艺尺寸链计算的基本公式

工艺尺寸链的计算方法有两种：极值法和概率法。极值法适用于组成环数较少的尺寸链计算，而概率法适用于组成环数较多的尺寸链计算。工艺尺寸链计算主要应用极值法，故本节仅介绍尺寸链的极值法计算。

极值法计算基本公式如下：

① 封闭环的基本尺寸 A_0 为

$$A_0 = \sum_{i=1}^{m} \vec{A}_i - \sum_{i=m+1}^{n} \overleftarrow{A}_i$$

式中，m 为增环的环数，n 为组成环的环数。即封闭环的基本尺寸等于所有增环基本尺寸之和减去所有减环基本尺寸之和。

② 封闭环的最大极限尺寸 A_{0max} 为

$$A_{0max} = \sum_{i=1}^{m} \vec{A}_{imax} - \sum_{i=m+1}^{n} \overleftarrow{A}_{imin}$$

即封闭环的最大极限尺寸等于所有增环最大极限尺寸之和减去所有减环最小极限尺寸之和。

③ 封闭环的最小极限尺寸 A_{0min} 为

$$A_{0min} = \sum_{i=1}^{m} \vec{A}_{imin} - \sum_{i=m+1}^{n} \overleftarrow{A}_{imax}$$

④ 封闭环的上偏差 ES_{A_0} 为

$$ES_{A_0} = \sum_{i=1}^{m} ES_{\vec{A}_i} - \sum_{i=m+1}^{n} EI_{\overleftarrow{A}_i}$$

即封闭环的上偏差等于所有增环上偏差之和减去所有减环下偏差之和。

⑤ 封闭环的下偏差 EI_{A_0} 为

$$EI_{A_0} = \sum_{i=1}^{m} EI_{\vec{A}_i} - \sum_{i=m+1}^{n} ES_{\overleftarrow{A}_i}$$

即封闭环的下偏差等于所有增环下偏差之和减去所有减环上偏差之和。

⑥ 封闭环的公差 T_0 为

$$T_0 = ES_{A_0} - EI_{A_0} = \sum_{i=1}^{n} T_i$$

即封闭环的公差等于所有组成环公差之和。

2. 工艺尺寸链的应用和解算方法

应用工艺尺寸链计算引入的工艺尺寸的关键是找出在加工过程中，要保证的设计尺寸与有关的工艺尺寸之间的内在联系，确定封闭环及组成环并建立工艺尺寸链，在此基础上利用工艺尺寸链计算公式进行具体计算。下面通过几种典型实例，介绍工艺尺寸链的建立和计算方法。

（1）测量基准与设计基准不重合时工艺尺寸链的建立和计算

在零件加工过程中，有时会遇到一些表面，在加工之后，按设计尺寸不便直接测量的情况，因而需要在零件上另选一个易于测量的表面作测量基准进行加工，通过对引入的工艺尺寸的加工，间接保证设计尺寸的要求。此时，需要应用工艺尺寸链对引入的工艺尺寸进行计算。

【例 1-2】 如图 1-36(a)所示的轴承碗，当以端面 B 定位车削内孔端面 C 时，图中标注出的设计尺寸 A_0 不便直接测量。如果先按尺寸 A_1 的要求车出端面 A，然后以 A 面为基准去控制尺寸 x，则设计尺寸 A_0 即可自然形成。在上述三个尺寸 A_0、A_1 和 x 所构成的工艺尺寸链中(见图(b)),显然 A_0 是封闭环,而 A_1 和 x 是组成环。现在的问题是,如何通过换算以求得尺寸?图中 A_0 设计尺寸为 $30_{-0.2}^{\ 0}$ mm,A_1 设计尺寸为 $10_{-0.1}^{\ 0}$ mm,求解 x 的尺寸及其公差。

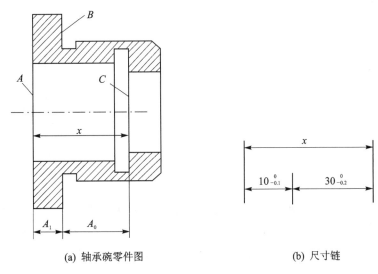

(a) 轴承碗零件图   (b) 尺寸链

图 1-36 测量基准与设计基准不重合时的尺寸换算

解:根据题意分析,画出尺寸链图,可知 A_0 为封闭环,x 为增环,A_1 为减环。

计算基本尺寸:

根据公式
$$A_0 = \sum_{i=1}^{m} \overrightarrow{A}_i - \sum_{i=m+1}^{n} \overleftarrow{A}_i$$

得
$$30 = x - 10$$

所以
$$x = 40$$

计算上下偏差:

根据公式
$$ES_{A0} = \sum_{i=1}^{m} ES_{\overrightarrow{A}_i} - \sum_{i=m+1}^{n} EI_{\overleftarrow{A}_i}$$

得
$$0 = ES_x - (-0.1)$$

所以
$$ES_x = -0.1$$

根据公式
$$EI_{A0} = \sum_{i=1}^{m} EI_{\overrightarrow{A}_i} - \sum_{i=m+1}^{n} ES_{\overleftarrow{A}_i}$$

得
$$-0.2 = EI_x - 0$$

所以
$$EI_x = -0.2$$

最后得
$$x = 40_{-0.2}^{-0.1} \text{ mm}$$

验算
$$T_0 = T_1 + T_x$$

即
$$0.2 \text{ mm} = 0.1 \text{ mm} + 0.1 \text{ mm}(正确)$$

(2) 定位基准与设计基准不重合时工艺尺寸链的建立和计算

在零件的加工中,加工表面的定位基准与设计基准不重合时,也需要进行尺寸换算,以求得工序尺寸及其公差。

【例 1-3】 如图 1-37 所示的零件,当表面 A、B、C 均已加工完后,最后一道工序是镗

孔 $\phi 100H7$。

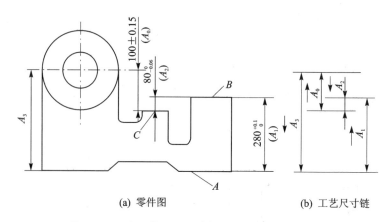

(a) 零件图　　　　　　　(b) 工艺尺寸链

图 1-37　定位基准与设计基准不重合的尺寸换算

解：镗孔时,为使工件装夹方便,不选 $\phi 100H7$ 孔的设计基准 C 为定位基准,而选底面 A 为定位基准。由于基准不重合,所以设计尺寸 $A_0=(100\pm0.15)$ mm 无法直接保证精度,而需引入零件图上未标注的工序尺寸 A_3,通过加工 A_3 间接保证设计尺寸 (100 ± 0.15) mm。这样就需利用工艺尺寸链计算引入的工序尺寸 A_3。

由于设计尺寸 A_0 是在加工过程中间接获得的(镗孔后才最后形成),所以是工艺尺寸链中的封闭环。对该封闭环有影响且在加工过程中直接获得的尺寸 $A_1=280$、$A_2=80$ 和 A_3 是组成环。上述 4 个尺寸组成的工艺尺寸链见图(b)。利用环绕法可判别出 A_1 是减环,A_2、A_3 是增环。

下面进行 A_3 的尺寸换算。

计算基本尺寸:

根据公式
$$A_0=(A_2+A_3)-A_1$$

得
$$A_3=A_0+A_1-A_2=(280+100-80)\text{ mm}=300\text{ mm}$$

计算上下偏差:

根据公式
$$ES_0=(ES_{A_2}+ES_{A_3})-EI_{A_1}$$
$$EI_0=(EI_{A_2}+EI_{A_3})-ES_A$$

得
$$ES_{A_3}=ES_0+EI_{A_1}-ES_{A_2}=(+0.15+0-0)\text{ mm}=+0.15\text{ mm}$$
$$EI_{A_3}=EI_0+ES_{A_1}-EI_{A_2}=-0.15+0.1-(-0.06)\text{ mm}=+0.01\text{ mm}$$

最后得 A_3 的工序尺寸

$$A_3=300^{+0.15}_{+0.01}\text{ mm}$$

验算:
$$T_0=T_1+T_2+T_3$$
$$0.3\text{ mm}=(0.1+0.06+0.14)\text{ mm}=0.3\text{ mm(正确)}$$

（3）中间工序的工艺尺寸链的建立和计算

在零件加工中,有些加工表面的定位基准或测量基准是一些尚需继续加工的表面。当加工这些表面时,不仅要保证本工序对该加工表面的尺寸要求,同时还要保证原加工表面的要求,即一次加工后要同时保证两个尺寸的要求。此时,即需进行中间工序的工序尺寸换算。

【例 1-4】 如图 1-38 所示为一齿轮内孔的简图。内孔尺寸为 $\phi 85^{+0.035}_{0}$ mm，键槽的深度尺寸为 $90.4^{+0.2}_{0}$ mm。内孔及键槽的加工顺序如下：

① 钻孔、扩孔、精镗孔至 $\phi 84.8^{+0.07}_{0}$ mm；

② 插键槽深至尺寸 A_3（通过尺寸换算求得）；

③ 热处理，淬火；

④ 磨内孔至尺寸 $\phi 85^{+0.035}_{0}$ mm，同时保证键槽深度尺寸 $90.4^{+0.2}_{0}$ mm。

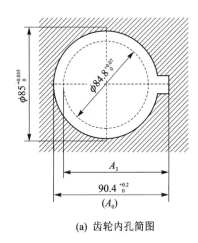
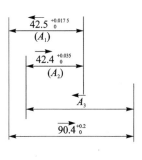

(a) 齿轮内孔简图   (b) 工艺尺寸链

图 1-38 内孔与键槽加工尺寸换算

解： 根据以上加工顺序可以看出，磨孔后既要保证内孔尺寸，还要同时保证键槽的深度。为此必须计算出镗孔后作为测量基准的键槽深度加工工序尺寸 A_3。图(b)画出了工艺尺寸链，其中镗孔后的半径 $A_2 = 42.4^{+0.035}_{0}$ mm、磨孔后的半径 $A_2 = 42.5^{+0.017\,5}_{0}$ mm 以及键槽加工的深度尺寸 A_3 都是直接获得的，为组成环。磨孔后所得的键槽深度尺寸 $A_0 = 90.4^{+0.2}_{0}$ mm 是自然形成的，为封闭环。根据工艺尺寸链的公式计算值如下：

计算基本尺寸：

根据公式
$$A_0 = (A_3 + A_1) - A_2$$

得
$$A_3 = (A_0 + A_2) - A_1 = [(90.4 + 42.4) - 42.5] \text{ mm} = 90.3 \text{ mm}$$

计算上下偏差：

根据公式
$$ES_0 = (ES_{A_3} + ES_{A_1}) - EI_{A_2}$$
$$EI_0 = (EI_{A_3} + EI_{A_1}) - ES_{A_2}$$

得
$$ES_{A_3} = ES_0 + EI_{A_2} - ES_{A_2} = [(+0.2 + 0) - 0.017\,5] \text{ mm} = +0.182\,5 \text{ mm}$$
$$EI_{A_3} = EI_0 + ES_{A_2} - EI_{A_1} = [(0 + 0.035) - 0] \text{ mm} = +0.035 \text{ mm}$$

最后得插键槽的工序尺寸
$$A_3 = 90.3^{+0.182\,5}_{+0.035\,0} \text{ mm}$$

验算
$$T_0 = T_1 + T_2 + T_3$$
$$0.2 \text{ mm} = (0.017\,5 + 0.035 + 0.147\,5) \text{ mm} = 0.2 \text{ mm（正确）}$$

1.7 任务7 工艺卡片的填写

制订机械加工工艺规程的最后一项工作是填写工艺卡片,主要包括工序顺序及内容的填写,工序简图的绘制,合理选择各工序所用机床设备的型号、工艺装备(即刀具、夹具、量具等)的型号以及合理确定切削用量和时间定额等。

1.7.1 机床的选择

在拟定工艺路线时,当工件加工表面的加工方法确定以后,各工种所用机床类型就已基本确定。但每一类型的机床都有不同的形式,其工艺范围、技术规格、生产率及自动化程度等都各不相同。在合理选用机床时,除应对机床的技术性能有充分了解之外,还要考虑以下几点。

(1) 所选机床的精度应与工件加工要求的精度相适应

机床的精度过低,满足不了加工质量要求;机床的精度过高,又会增加零件的制造成本。单件小批生产时,特别是没有高精度的设备来加工高精度的零件时,为充分利用现有机床,可以选用精度低一些的机床,而在工艺上采用措施来满足加工精度的要求。

(2) 所选机床的技术规格应与工件的尺寸相适应

小工件选用小机床加工,大工件选用大机床加工,做到设备的合理利用。

(3) 所选机床的生产率和自动化程度应与零件的生产纲领相适应

单件小批生产应选择工艺范围较广的通用机床;大批量生产尽量选择生产率和自动化程度较高的专门化或专用机床。

(4) 机床的选择应与现场生产条件相适应

应充分利用现有设备,如果没有合适的机床可供选用,应合理地提出专用设备设计或旧机床改装的任务书,或提供购置新设备的具体型号。

1.7.2 工艺装备的选择

工艺装备的选择是否合理,直接影响到工件的加工精度、生产率和经济性。因此,要结合生产类型、具体的加工条件、工件的加工技术要求和结构特点等合理选用。

(1) 夹具的选择

单件小批生产应尽量选择通用夹具。例如卡盘、虎钳和回转台等。若条件具备,则可选用组合夹具,以提高生产率。大批量生产,应选择生产率和自动化程度高的专用夹具。多品种中小批量生产可选用可调整夹具或成组夹具。夹具的精度应与工件的加工精度相适应。

(2) 刀具的选择

一般应选用标准刀具,必要时可选择各种高生产率的复合刀具及其他一些专用刀具。刀具的类型、规格及精度应与工件的加工要求相适应。

(3) 量具的选择

单件小批生产应选用通用量具,如游标卡尺、千分尺、千分表等。大批量生产应尽量选用效率较高的专用量具,如各种极限量规、专用检验夹具和测量仪器等。所选量具的量程和精度要与工件的尺寸和精度相适应。

1.7.3　切削用量的确定

正确地确定切削用量,对保证加工质量、提高生产率、获得良好的经济效益都有着重要的意义。在确定切削用量时,应综合考虑零件的生产纲领、加工精度和表面粗糙度、材料、刀具的材料及耐用度等因素。

一般来说,粗加工时,由于要求保证的加工精度低、表面粗糙度值较大,切削用量的确定应尽可能保证较高的金属切除率和必要的刀具耐用度,以达到较高的生产率。为此,在确定切削用量时,应优先考虑采用大的背吃刀量,其次考虑采用较大的进给量,最后根据刀具的耐用度要求,确定合理的切削速度。

半精加工、精加工时,确定切削用量首先要考虑的问题是保证加工精度和表面质量,同时也要兼顾必要的刀具耐用度和生产率。半精加工和精加工时一般多采用较小的背吃刀量和进给量。在背吃刀量和进给量确定之后,再确定合理的切削速度。

在确定切削用量的具体数据时,可凭经验,也可查阅有关手册中的表格,或在查表的基础上,再根据经验和加工的具体情况,对数据做适当的修正。

1.7.4　时间定额的确定

时间定额是指在一定生产条件下,规定生产一件产品或完成一道工序所需消耗的时间。它是安排生产计划、进行成本核算、考核工人完成任务情况、确定所需设备和工人数量的主要依据。合理的时间定额能调动工人的积极性,促进工人技术水平的提高,从而不断提高生产率。随着企业生产技术条件的不断改善和水平的不断提高,时间定额应定期进行修订,以保持定额的平均先进水平。

为了便于合理地确定时间定额,把完成一个工件的一道工序的时间称为单件时间 T_t,它包括如下组成部分:

(1) 基本时间 T_m

基本时间是直接改变生产对象的尺寸、形状、相对位置、表面状态或材料性质等工艺过程所消耗的时间。对于机械加工来说,是指从工件上切除材料层所耗费的时间,其中包括刀具的切入和切出时间。

(2) 辅助时间 T_a

辅助时间是为实现工艺过程所必须进行的各种辅助动作所消耗的时间。这些辅助动作包括:装夹和卸下工件;开动和停止机床;改变切削用量;进、退刀具;测量工件尺寸等。

基本时间和辅助时间的总和,称为工序作业时间,即直接用于制造产品或零、部件所消耗的时间。

(3) 布置工作地时间 T_s

布置工作地时间是为使加工正常进行,工人照管工作地(如更换刀具、润滑机床、清理切屑、收拾工具等)所消耗的时间。布置工作地时间可按工序作业时间的 2%～7% 来估算。

(4) 休息和生理需要时间 T_r

休息和生理需要时间是工人在工作班内为恢复体力和满足生理上的需要所消耗的时间。它可按工序作业时间的 2%～4% 来估算。

(5) 准备与终结时间 T_e。

准备与终结时间是工人为了生产一批产品或零、部件,进行准备和结束工作所消耗的时间。这些工作包括:熟悉工艺文件、安装工艺装备、调整机床、归还工艺装备和送交成品等。

准备与终结时间对一批零件只消耗一次,零件批量 n 越大,则分摊到每个零件上的这部分时间越少。所以,成批生产时的单件时间为

$$T_t = T_m + T_a + T_s + T_r + T_e/n$$

在大量生产时,每个工作地点完成固定的一道工序,一般不需要考虑准备终结时间。

计算得到的单件时间以"min"为单位,填入工艺文件的相应栏中。

1.8 任务8 零件加工工艺过程分析实例

生产实际中,零件的结构千差万别,但其基本几何构成不外乎是外圆、内孔、平面、螺纹、齿面、曲面等,不过,很少有零件只由单一典型表面构成,往往是由一些典型表面复合而成的,其加工方法较单一表面加工复杂,是典型表面加工方法的综合应用。下面以一轴类零件来分析其工艺过程,如图1-39所示。

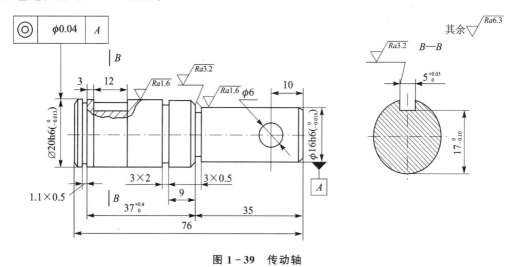

图1-39 传动轴

1. 零件图工艺分析

该零件主要由外圆柱面、沟槽、键槽及径向孔等表面组成,零件图尺寸标注完整,轮廓描述清楚。零件外圆有两处尺寸精度要求较高,均为IT6级,表面粗糙度 Ra 为 1.6 μm,另外还有同轴度要求。零件材料为45钢,切削加工性能较好,无热处理和硬度要求。

2. 工艺措施

① 定位装夹。外圆粗车时,为增加零件的刚性,可采用一夹一顶方式,将零件粗车成形。在精加工时应采用两顶尖安装,因两端有一同轴度要求,在铣工加工键槽和钳工加工径向孔时,可采用V形架定位,因V形架的对中性好,容易保证键槽和径向孔的对称度。

② 加工顺序。由于两孔轴心线在车削加工时要作为定位基准,故先加工出两端中心孔作为定位基准面;再分别利用 $\phi20$ mm 和 $\phi16$ mm 作为定位基准面完成键槽和径向孔的加工。

3. 刀具选择

外圆分别采用主偏角为 90°外圆粗、精车刀,切槽刀可采用刀宽为 1.1 mm 及刀宽 3 mm 的刀具;加工键槽采用 $\phi 5$ mm 的键槽铣刀;加工径向孔采用 $\phi 6$ mm 的麻花钻完成。

4. 切削用量选择

切削用量在粗、精加工中应有所不同。粗加工时,在工艺系统刚性和机床功率允许的情况下,尽可能取较大的背吃刀量,以减少进给次数;精加工时,为保证零件的加工精度和表面粗糙度要求,一般取较小背吃刀量。进给量和切削速度根据被加工表面质量、刀具材料和工件材料,可参考切削用量手册或有关资料并结合机床使用说明书选取。

5. 零件加工工艺过程

① 车端面,钻中心孔。

② 采用一夹一顶方式车削外圆 $\phi 20$ mm 和 $\phi 16$ mm,分别留余量 0.8 mm。

③ 调头夹 $\phi 20$ mm 外圆,车端面,保证总长 76 mm,钻中心孔。

④ 采用两顶尖安装,先加工 $\phi 16$ mm 外圆达到零件图要求。

⑤ 调头进行两顶尖安装,加工 $\phi 20$ mm 外圆到尺寸,然后分别采用切槽刀切槽达到尺寸要求。

⑥ 采用 V 形架以 $\phi 20$ mm 外圆作为定位基准面,加工键槽达到尺寸要求。

⑦ 以 $\phi 16$ mm 外圆作为定位基准面,采用 V 形架定位,加工径向孔 $\phi 6$ mm 达到尺寸要求。

课后习题 1

一、填空题

1. 将原材料转变为成品的全过程称为_____。

2. 零件的加工工艺过程是由若干个顺序排列的_____组成。

3. 生产类型通常分为_____和_____。

4. 常用的毛坯种类有_____、_____和_____。

5. 零件单件小批生产采用_____定位方法,大批量生产采用_____定位方法。

6. 零件定位时采用的定位方法有_____、部分定位和_____。

7. 基准重合指_____应与_____重合。

8. 粗加工阶段的主要目的是_____,精加工阶段的主要目的是_____。

9. 工序尺寸的确定方法分为_____和_____法。

10. 单件小批生产应选用_____夹具和_____刀具。

二、判断题

1. 热处理属于机械加工工艺过程。　　　　　　　　　　　　　　　　　　(　)

2. 减少安装次数,有利于提高位置精度。　　　　　　　　　　　　　　　(　)

3. 不同的生产类型对工艺规程的合理制定有影响。　　　　　　　　　　(　)

4. 毛坯的选择与零件材料密切相关,与生产批量无关。　　　　　　　　(　)

5. 零件定位时限制的自由度少于 6 个称为欠定位。　　　　　　　　　　(　)

6. 球头支撑钉由于接触面积小,适用于精基准定位的场合。 （   ）

7. 粗基准只能使用一次。 （   ）

8. 按照入体原则标注尺寸时,孔的上偏差均为0。 （   ）

9. 零件加工时应选择高精度的加工机床快速完成加工。 （   ）

10. 完成一个工件一道工序的时间称为基本时间。 （   ）

三、选择题

1. 刀具、加工表面和切削用量均不变的情况下完成的那部分加工内容称为(   )。
   A. 工序　　　　　　B. 工步　　　　　　C. 工位　　　　　　D. 走刀

2. HT200 的箱体零件应选择(   )毛坯来制造。
   A. 铸件　　　　　　B. 锻造　　　　　　C. 型材　　　　　　D. 焊接件

3. 重要的齿轮零件应选择(   )毛坯来制造。
   A. 铸件　　　　　　B. 锻造　　　　　　C. 型材　　　　　　D. 焊接件

4. 零件加工中不允许出现的定位方法是(   )。
   A. 完全定位　　　　B. 部分定位　　　　C. 过定位　　　　　D. 欠定位

5. 工件定位时不能限制自由度的支承是(   )。
   A. 支承钉　　　　　B. V 型架　　　　　C. 心轴　　　　　　D. 辅助支承

6. 轴类零件的顶尖孔在车削和磨削时用来加工各外圆表面,符合(   )原则。
   A. 基准重合　　　　B. 基准统一　　　　C. 自为基准　　　　D. 互为基准

7. 基准不重合的情况下确定工序尺寸应采用(   )。
   A. 余量法　　　　　B. 尺寸链法　　　　C. 计算法　　　　　D. 目测法

8. 分析尺寸链时,最后自然形成的那个尺寸是(   )。
   A. 增环　　　　　　B. 减环　　　　　　C. 组成环　　　　　D. 封闭环

9. 直接改变生产对象形状和尺寸所消耗的时间是(   )。
   A. 准备时间　　　　B. 基本时间　　　　C. 辅助时间　　　　D. 加工时间

10. 粗加工是优先考虑大的(   )。
   A. 切削速度　　　　B. 进给速度　　　　C. 背吃刀量　　　　D. 转速

四、简答题

1. 什么是生产过程和工艺过程?

2. 什么是机械加工工艺规程?常用的工艺文件有哪些?分别用于什么场合?

3. 工序分散与工序集中分别有什么特点?适用于何种生产类型?

4. 选择粗、精基准的原则是什么?

5. 常用的毛坯种类有哪些?

6. 为什么要进行加工阶段的划分?

五、分析题

1. 分析图 1-40 中的零件结构工艺性有哪些不足,如何改进?

2. 有一轴采用棒料毛坯加工,工艺路线为粗车、半精车、粗磨、精磨,外圆设计尺寸为 $\phi 300_{-0.015}^{0}$ mm,计算后将各工序尺寸填入表 1-9 中。

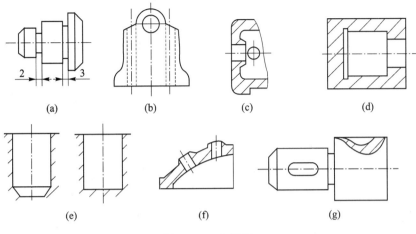

图 1 - 40　分析题 1

表 1 - 9　分析题 2

工序名称	工序余量/mm	经济精度	工序尺寸/mm
精磨	0.1	0.015	$\phi 300^{\ 0}_{-0.015}$
粗磨	0.4	0.033	
半精车	1.1	0.084	
粗车		0.21	
毛坯	4(总余量)	2	

3. 图 1 - 41 所示的零件除 $\phi 25H7$ 的孔,其余各表面均已加工,请确定以 A 面定位加工孔的刀具调整尺寸。

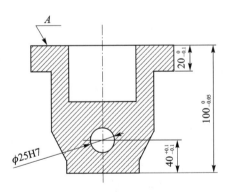

图 1 - 41　分析题 3

学习情境 2　轴类零件的加工工艺制订

学习目标

完成本学习情境后,应该能够:

➤ 以合作的方式分析待加工轴的图纸,确定在现有条件下和工期要求下加工轴的可行性。

➤ 独立通过查阅《机械加工工艺手册》,确定零件毛坯种类、形状和尺寸,绘制毛坯图纸。

➤ 以合作的方式制订轴类零件加工工艺,填写工艺文件。

➤ 独立选择工装夹具,并判断其是否合格。

➤ 合作制订零件检测方案,并独立检测轴的尺寸精度和形位公差。

➤ 在教师的引导下,根据工艺要求,操作车床加工轴。

建议用 20 学时完成本学习情境。

学习内容

➤ 轴类零件的功用及特点。

➤ 轴类零件毛坯的类型和制作方法。

➤ 工时测算。

➤ 轴类零件的加工工艺。

➤ 零件的装夹与校正。

2.1　任务 1

2.1.1　任务 1　工作任务书

(1) 零件图纸

零件图纸:联动导杆。

学习情境 2 任务 1 零件图:如图 2-1 所示。

(2) 三维图

学习情境 2 任务 1 零件三维图:如图 2-2 所示。

(3) 工作任务描述

➤ 工作任务 1:联动导杆的工艺制订。

➤ 工作任务描述:拟加工如图 2-1 所示的联动导杆,设计其加工工艺,填写相关的工艺文件,然后利用车床加工出合格的零件。从零件工艺制订所需要的背景知识、工作过程、机床操作等方面按照企业工作流程和工作标准使学生逐渐从零件工艺制订的初学者到熟练者。

➤ 零件材料:45 钢。

➤ 批量要求：5 件。

完成本任务学时建议 8 学时。

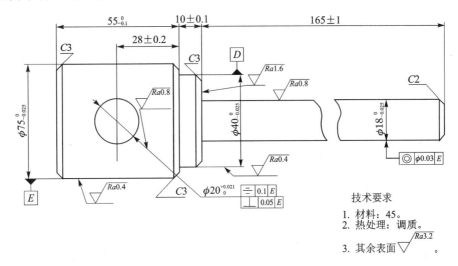

图 2-1　学习情境 2 任务 1 零件图

图 2-2　学习情境 2 任务 1 零件三维图

2.1.2　任务 1　工作页

工作任务 1：联动导杆的工艺制订。

1. 学习目标

通过本任务的学习，应该能够：

① 选择合适的信息渠道收集所需的专业信息。

② 独立通过查阅《机械加工工艺手册》，确定轴毛坯种类、形状和尺寸。

③ 阅读工作任务书，通过查阅技术与工艺手册、车床使用说明书以及机床现有性能，分析联动导杆的图纸，以合作的方式编制待加工零件的加工工艺，填写工艺文件。

④ 根据零件加工工艺选择合适的机床、刀具、夹具和相应的量具。

⑤ 在教师的引导下，在所选择的车床上，以满足安全生产和技术的要求，独立加工出联动导杆，并控制加工质量。

⑥ 检测加工质量，分析出现此种加工结果的原因，找出提高加工质量、降低加工成本的途径与方法。

2. 背景材料

轴是组成机械的重要零件，也是机械加工中常见的典型零件之一。它支撑着其他转动件回转并传递扭矩,同时又通过轴承与机器的机架连接。轴类零件是旋转体零件,其长度大于直径,由外圆柱面、圆锥面、内孔、螺纹及相应端面所组成。加工表面通常除了内外圆表面、圆锥面、螺纹、端面外,还有花键、键槽、横向孔、沟槽等。

轴有转轴、心轴和传动轴;有实心轴与空心轴;有直轴与曲轴等。

制造轴类零件常用的材料是中碳钢和低碳合金钢,常用的热处理方式有调质和淬火等。

轴类零件基本加工方法是车削。

如何以经济而又专业的方式加工出高质量的轴类零件,是机械制造技术及所在专业群、学生以及从业人员必须解决的问题。

3. 工作过程

为了完成本工作任务,需要知道以下参数。

➤ 车床的种类和型号。

➤ 毛坯的种类。

➤ 零件装夹方法。

➤ 切削用量。

这些知识可以通过以下途径获得。

➤ 机械制造工艺教材。

➤ 车床使用说明书。

➤ 切削用量手册。

➤ 互联网、校园网中的资源库。

① 阅读任务书,分析待加工联动导杆的结构和技术要求,并将分析结果分别填入表 2-1 和表 2-2 中。

表 2-1　联动导杆的结构分析

几何结构要素	整体结构特征	结构工艺评价

表 2-2　联动导杆的技术要求分析

几何要素	尺寸及公差	位置公差	表面粗糙度

② 该零件拟车削加工。到车削加工现场观察零件加工过程,将观察的结果填入表 2-3 中。

表 2 - 3　车削现场观察记录

观察项目	观察结果
使用的机床	
工件的装夹方式	
使用的刀具	
工件的运动	
刀具的运动	

③ 对零件进行结构分析,就本任务而言,是否可以划分成几个子任务? 将划分的子任务填入表 2-4 中。

表 2 - 4　子任务分解

子任务 1	外圆柱面加工
子任务 2	
⋮	
子任务 n	

④ 根据加工工艺,哪些子任务可以合并成一个工序? 将合并情况填入表 2-5 中。

表 2 - 5　子任务合并

子任务	合并结果

⑤ 将要加工的零件交货时间与交货要求是怎样的? 这对加工计划将会产生什么样的影响?

影响 1：

影响 2：

　⋮

影响 n：

⑥ 成都市制造业对轴类零件加工有什么企业标准或者行业标准? 请查阅相关资料。

⑦ 准备好刀具、夹具、量具、材料、辅料。

⑧ 从工艺文件中,提取本任务零件机械加工的工序内容及要求,将机械加工内容填入表 2-6 中。

表 2-6　轴的机械加工内容及要求

序　号	机械加工工艺内容	加工要求
1		
2		
3		
4		

⑨ 分小组到实习厂观察车床加工情况,以此建立对车削加工的感性认识。学生做必要的记录与自我总结。

⑩ 组织学生分组讨论:车床是怎样实现零件加工的? 将讨论情况记入表 2-7 中。

表 2-7　讨论情况记录表

序　号	讨论内容记录
讨论结果(结论):	

⑪ 确定零件的加工方案。每个人都制订 2 个及以上加工方案,然后小组讨论每个加工方案,并将各个方案的分析比较填入表 2-8 中。

方案 1:请自主设计一张表格来表述加工方案 1。

方案 2:请自主设计一张表格来表述加工方案 2。

表 2-8　各种方案比较

方　案	优　点	缺　点
方案 1		
方案 2		
⋮		
方案 n		

⑫ 小组汇报。汇报本小组该零件的加工工艺方案与步骤。

　　每个小组将组内每个成员的零件工艺方案经讨论汇总,得出本小组的多个方案,由小组成员的一位代表在全班进行汇报。

　　⑬ 将多个方案在进行反复比较与论证的基础上,确定一个最优化的零件加工工艺方案。

　　提示:确定最优化的方案要考虑的主要问题有:

> 工艺方案的可行性。
> 加工成本(经济性)。
> 满足技术要求的可能性。
> 车床、刀具、夹具等的现状。

　　⑭ 综合前述的结果,规划该零件的加工工艺。将规划的每个工序的工序图绘制出来:

　　⑮ 总结轴类零件的加工工艺制订方法。主要包括:基本加工顺序、工装夹具选择、工艺参数选择。

　　⑯ 操作车床加工联动导杆。每个学生以满足技术和经济要求的方式加工所要求完成的轴类零件。

> 装夹工件毛坯。
> 加工零件,监控机床运行状态和加工过程。
> 检测加工结果。
> 维护机床。

　　⑰ 对照零件图纸,检测零件的尺寸公差、形状公差、位置公差等技术要求所要求的各项指标,并将检测结果填入表 2-9 中。

表 2-9　联动导杆加工结果检测表

序　　号	检测项目	图纸要求	实际检测结果	备　　注
1				
2				
3				
$\vdots$				
n				

　　⑱ 在加工质量检测的基础上分小组讨论:与图纸要求相比,有哪些不能满足要求?有哪些超过技术要求?原因是什么?将讨论结果填入表 2-10 加工质量分析表中。

表 2-10　加工质量分析表

序　　号	不合格项目	质量优良项目	原　　因
1			
2			
3			
$\vdots$			
n			

⑲ 评价。按评价表(见表 2-11)的评价项目、评价标准和评价方式,对完成本学习与工作任务的过程与结果进行评价。

表 2-11 学习情境 2 任务 1 评价表

学习情境			任务 1				
班 级			姓 名		学 号		
评价方式:学生自评							
评价项目	评价标准				评价结果		
				8	6	4	2
明确目标任务制订计划	8 分:明确学习目标和任务,立即讨论制订切实可行的学习计划 6 分:明确学习目标和任务,30 分钟后开始制订可行的学习计划 4 分:明确学习目标和任务,制订的学习计划不太可行 2 分:不能明确学习目标和任务,基本不能制订学习计划						
小组学习表现	8 分:在小组中担任明确角色,积极提出建设性意见,倾听小组其他成员意见,主动与小组成员合作完成学习任务 6 分:在小组中担任明确角色,提出自己的建议,倾听小组其他成员意见,与小组成员合作完成学习任务 4 分:在小组中担任的角色不明显,很少提出建议、倾听小组其他成员意见,被动与小组成员合作完成学习任务 2 分:在小组中没有担任明确角色,不提出任何建议,很少倾听小组其他成员意见,与小组成员不能很好合作完成学习任务						
独立学习与工作	8 分:学习与工作过程与学习目标高度统一,以达到专业技术标准的方式独立完成所规定的学习与工作任务 6 分:学习与工作过程与学习目标相统一,以达到专业技术标准的方式在合作中完成所规定的学习与工作任务 4 分:学习与工作过程与学习目标基本一致,以基本达到专业技术标准的方式在他人的帮助下完成所规定的学习与工作任务 2 分:参与了学习与工作过程,不能以达到专业技术标准的方式完成所规定的学习与工作任务						
获取与处理信息	8 分:能够开拓创造新的信息渠道,从日常生活和工作中随时捕捉完成学习与工作任务有用的信息,并科学处理信息 6 分:能够独立地从多种信息渠道收集完成学习与工作任务有用的信息,并将信息分类整理后供他人分享 4 分:能够利用学院信息源获得完成学习与工作任务有用的信息 2 分:能够从教材和教师处获得完成学习与工作任务有用的信息						

学习情境			任务1		
班　级		姓　名		学　号	

评价方式：学生自评						
评价项目	评价标准	评价结果				
		8	6	4	2	
学习与工作方法	8分：能够利用自己与他人的经验解决学习与工作中出现的问题，独立制订完成零件工作任务的方案并实施 6分：能够在他人适当的帮助下解决学习与工作中出现的问题，制订完成零件工作任务的方案并实施 4分：能够解决学习与工作过程中出现的问题，在合作的方式下制订完成零件工作任务的方案并实施 2分：基本不能解决学习与工作中出现的问题					
表达与交流	8分：能够代表小组以符合专业技术标准的方式汇报、阐述小组学习与工作计划和方案，表达流畅，富有感染力 6分：能够代表小组以符合专业技术标准的方式汇报，表达清晰、逻辑清楚 4分：能够汇报小组学习与工作计划和方案，表达不够简练，普通话不够准确 2分：不能代表小组汇报与表达，语言不清，层次不明					

评价方式：教师评价						
评价项目	评价标准	评价结果				
		12	9	6	3	
工艺制订	12分：能够根据待加工零件的图纸，独立正确制订零件的加工工艺，并正确填写相应表格 9分：能够根据待加工零件图纸，以合作的方式正确制订零件的加工工艺，并正确填写表格 6分：根据待加工零件图纸制订的工艺不太合理 3分：不能制订待加工零件的工艺					
		8	6	4	2	
加工过程	8分：无加工碰撞与干涉，能够对加工过程中出现的异常情况立即作出相应的正确处理，并独立排除异常情况 6分：无加工碰撞与干涉，能够对加工过程中出现的异常情况做出相应的正确处理 4分：无加工碰撞与干涉，但不能处理加工中的异常情况 2分：加工出现碰撞或者干涉					

学习情境			任务 1			
班 级			姓 名		学 号	
评价方式：教师评价						
评价项目	评价标准			评价结果		
加工结果	8分：能够独立使用正确的测量工具和正确的方法,检测零件加工质量且测量结果完全达到图纸要求	8	6	4	2	
	6分：能够以合作方式使用正确的测量工具和正确的方法,检测零件加工质量且测量结果完全达到图纸要求					
	4分：能够以合作方式使用正确的测量工具和正确的方法检测零件加工质量,但检测结果有 1～2 项超差					
	2分：能够以合作方式使用正确的测量工具和方法检测零件加工质量,但检测结果有 2 项以上超差					
安全意识	8分：遵守安全生产规程,按规定劳保用品穿戴整齐完整	8		3		
	3分：存在违规操作或者存在安全生产隐患					
学习与工作报告	8分：按时、按要求完成学习与工作报告,能够发现自己的缺陷并提出解决的措施,书写工整	8	6	4	2	
	6分：按时、按要求完成学习与工作报告,书写工整					
	4分：推迟完成学习与工作报告,书写工整					
	2分：推迟完成学习与工作报告,书写不工整					
日常作业测验口试	8分：无迟到、早退、旷课现象,按时、正确完成作业,回答问题流利正确					
	6分：无迟到、早退、旷课现象,按时、基本正确完成作业,回答问题基本正确					
	4分：无旷课现象,能完成作业					
	2分：缺作业且出勤较差					
综合评价结果						

2.1.3 知识链接

1. 轴类零件的材料和毛坯

(1) 轴类零件的材料

轴类零件材料的选取,主要根据轴的强度、刚度、耐磨性以及制造工艺性而决定,力求经济合理。

常用的轴类零件材料为 35、45、50 优质碳素钢,以 45 钢应用最为广泛。对于受载荷较小或不太重要的轴也可使用 Q235、Q255 等普通碳素钢。对于受力较大,轴向尺寸、质量受限制或者某些有特殊要求的可采用合金钢。Cr15 、65Mn 等合金钢可用于精度较高、工作条件较差的情况,这些材料经调质和表面淬火后其耐磨性、耐疲劳强度性能都较好。若是在高速、重载条件下工作的轴类零件,则可选用 20Cr、20CrMnTi、20Mn2B 等渗碳钢或 38CrMoAlA 渗氮钢。这些钢经渗碳淬火或渗氮处理后,不仅有很高的表面硬度,而且其心部强度也极大提高,因此具有良好的耐磨性、抗冲击韧性和耐疲劳强度等性能。

球墨铸铁、高强度铸铁由于铸造性能好,且具有减振性能,常在制造外形结构复杂的轴中采用。特别是我国研制的稀土-镁球墨铸铁,抗冲击韧性好,同时还具有减磨、吸振及对应力集中敏感性小等优点,已被应用于汽车、拖拉机、机床的重要轴类零件中。

（2）轴类零件的毛坯

轴类零件的毛坯常见的有型材（圆棒料）和锻件。对于外圆直径相差不大的轴一般以棒料为主;而外圆直径相差较大或重要的轴则以锻件为主,因为锻件毛坯经加热锻打后,金属内部纤维组织沿表面分布,因而有较高的抗拉、抗弯及抗扭转强度。

外形结构复杂的轴也可采用铸件,内燃机中的曲轴一般采用铸件毛坯。

2. 车削的工艺范围

车外圆是车削加工中最常用的加工方法。依据切削用量、车刀几何角度及车削精度等级的不同,车削外圆一般分为粗车、半精车、精车和精细车等。

（1）粗车

粗车的目的是在短时间内切除工件上大部分的加工余量,对加工质量要求不是很高,通常粗车精度可达到 IT13～IT11,表面粗糙度 Ra 为 $50～12.5\ \mu m$,用于迅速切去多余的金属。通常采用较大的背吃刀量、较大的进给量和中速车削。

（2）半精车

一般半精车的加工精度可达到 IT10～IT9,表面粗糙度 Ra 为 $6.3～3.2\ \mu m$。用于磨削加工和精加工的预加工,或中等精度表面的终加工。

（3）精车

一般精加工的加工精度可达到 IT8～IT6,表面粗糙度 Ra 为 $1.6～0.8\ \mu m$,用于较高精度外圆的终加工或光整加工的预加工。通常采用较小的背吃刀量、较小的进给量和低速或高速车削。低速切削时用高速钢车刀,高速切削时用硬质合金车刀。

（4）精细车

精细车的加工精度可达到 IT6 以上,表面粗糙度 Ra 为 $0.4\ \mu m$ 以下,主要用于高精度、小型且不宜磨削的有色金属零件的外圆加工,或大型精密外圆表面加工。要求机床有较高的精度和刚度,刀具采用金刚石或细晶粒的硬质合金,刀刃锋利。

3. 车　床

机械加工中的回转体表面大都是在车床上加工实现的,车床的工艺范围广,可以进行多种表面加工如车削各种轴、盘套类的回转表面,内外圆柱圆锥面,环槽及成形回转面,车削端面、螺纹,也可以进行钻孔、扩孔、铰孔、攻螺纹、滚花等加工。图 2-3 所示为卧式车床所能加工的典型表面。

车床的种类很多,按其结构和用途的不同,主要有卧式车床、立式车床、转塔车床、单轴自动车床、多轴自动车床和半自动车床、仿形车床、多刀车床及专门化车床（如凸轮车床、曲轴车床、铲齿车床）等,此外,在大批量生产中,还有各种各样的专用车床。

随着计算机技术被广泛运用到机床制造业,出现了数控车床。数控车床按主轴布局来分,主要分为卧式和立式两大类;按数控车床的功能来分,可分为经济型数控车床、普通数控车床、车削中心。

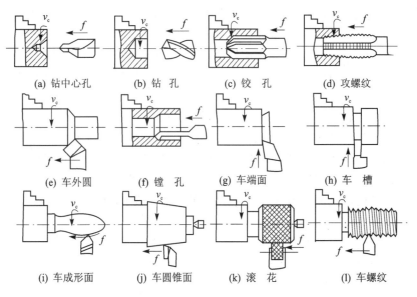

(a) 钻中心孔	(b) 钻 孔	(c) 铰 孔	(d) 攻螺纹
(e) 车外圆	(f) 镗 孔	(g) 车端面	(h) 车 槽
(i) 车成形面	(j) 车圆锥面	(k) 滚 花	(l) 车螺纹

图 2-3　车床工艺范围

卧式车床在通用车床中应用最普遍、工艺范围最广。但卧式车床自动化程度、加工效率不高,加工质量亦受操作者技术水平的影响较大。卧式车床主要用于轴类零件和直径不太大的盘类零件的加工。CA6140 型卧式车床的外形及结构布局如图 2-4 所示。

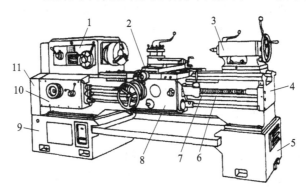

1—主轴箱;2—拖板;3—尾座;4—床身;5,9—床腿;
6—光杠;7—丝杠;8—溜板箱;10—进给箱;11—挂轮

图 2-4　卧式车床

CA6140 型卧式车床的主要技术参数如下:

➤ 床身最大上件回转直径:400 mm。

➤ 最大工件长度:750 mm、1 000 mm、1 500 mm、2 000 mm。

➤ 最大加工长度:650 mm、900 mm、1 400 mm、1 900 mm。

➤ 主轴转速范围:正转 10～1 400 r/min(24 级),反转 14～1 580 r/min(12 级)。

➤ 进给量范围:纵向 0.028～6.33 mm/r(64 级),横向 0.014～3.16 mm/r(64 级)。

CA6140 型卧式车床的各部件与功用如下:

(1) 床　身

床身是卧式车床的基础部件,它用做车床其他部件的安装基础,保证其他部件相互之间的正确位置和正确的相对运动轨迹。

（2）主轴箱

主轴箱安装在床身的左上端,内装主传动系统和主轴部件。主轴的端部可安装卡盘,用于夹持工件,带动工件旋转,实现主运动。

（3）进给箱

进给箱安装在床身的左下方前侧,进给箱内有进给运动传动系统,用于控制光杠及丝杠的进给运动变换和不同进给量的变换。

（4）溜板箱

溜板箱安装在床身的前侧拖板的下方,与拖板相连。其作用是实现纵、横向进给运动的变换,带动拖板、刀架实现进给运动。

（5）刀架和拖板

拖板安装在床身的导轨上,在溜板箱的带动下沿导轨作纵向运动。刀架安装在拖板上,可与拖板一起作纵向运动,也可经溜板箱的传动在拖板上做横向运动。刀架上安装刀具。

（6）尾　座

尾座安装在床身的右端尾座导轨上,可沿导轨纵向移动调整位置。它用于支承长工件和安装钻头等刀具进行孔加工。

CA6140型卧式车床是普通精度级中型车床,适用于单件小批生产及维修车间。此车床所能达到的加工精度为:精车外圆的圆柱度是0.01/100 mm;精车外圆的圆度是0.01 mm;精车端面的平面度是0.02/300 mm;精车螺纹的螺距精度是0.04/100 mm;精车的表面粗糙度是1.25~2.5 μm。

立式车床适合加工直径较大而轴向尺寸相对较小,并且形状较复杂的大型和重型零件,如各种机架、壳体类零件等。可以进行内外圆柱面、圆锥面、端面、沟槽、切断及钻、扩、锉和铰孔等加工,借助于附件装置还可进行车螺纹、车端面、仿形、铣削和磨削等。

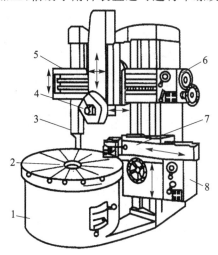

1—底座;2—工作台;3—立柱;4—垂直刀架;
5—横梁;6—垂直刀架进给箱;
7—侧刀架;8—侧刀架进给箱

图2-5　立式车床

立式车床在结构布局上的主要特点是主轴垂直布置,并有一个直径很大的圆形工作台,用于安装工件,工作台台面处于水平位置,使笨重工件的装夹和校正方便。

立式车床通常用于单件小批生产,一般加工精度为IT8级,精密型可达IT7级工作精度。它是汽轮机、水轮机、重型电动机、矿山冶金等重型机械制造不可缺少的设备。

立式车床分单柱式和双柱式两种。单柱式立式车床,如图2-5所示,加工直径较小,最大加工直径一般小于1 600 mm。双柱式立式车床加工直径较大,最大的立式车床其加工直径超过25 000 mm。

转塔车床的多工位转塔刀架可以安装多把刀具,在成批加工形状复杂的零件时可获得较高生产率,如图2-6所示。

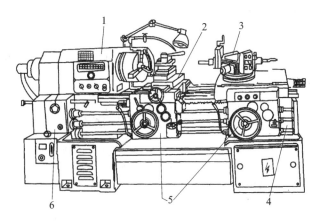

1—主轴箱;2—前刀架;3—转塔刀架;4—床身;5—溜板箱;6—进给箱

图 2-6 转塔车床

4. 车 刀

车刀是金属切削加工中应用最为广泛的刀具之一,它由刀体和切削部分组成。车刀按用途分类可分为外圆车刀、内孔车刀、端面车刀、切断车刀、螺纹车刀等。

(1)车刀的结构

车刀按结构可分为:整体车刀、焊接车刀、机夹车刀、可转位车刀。其中可转位车刀的应用日益广泛,在车刀中所占比例逐渐增加。

① 整体式高速钢车刀。选用一定形状的整体高速钢刀条,在其一端刃磨出所需的切削部分形状形成整体式高速钢车刀。这种车刀刃磨方便,可以根据需要刃磨成不同用途的车刀,尤其适于刃磨各种成形车刀,如切槽刀、螺纹车刀等。刀具磨损后可以多次重磨。但刀杆也为高速钢材料,造成刀具材料的浪费。其刀杆强度低,当切削力较大时,会造成破坏。该车刀一般用于较复杂成形表面的低速精车。

② 硬质合金焊接式车刀。这种车刀是将一定形状的硬质合金刀片钎焊在刀杆的刀槽内,其结构简单,制造刃磨方便,刀具材料利用充分,在一般的中小批量生产和修配生产中应用较多。但其切削性能受工人的刃磨技术水平影响和焊接质量的影响,不适合现代制造技术发展的要求,且刀杆不能重复使用,材料浪费。

③ 机夹车刀。它是采用普通刀片,用机械夹固的方法将刀片夹持在刀杆上使用的。此类刀具有如下特点。

➤ 刀片不经过高温焊接,提高了刀具的耐用度。

➤ 由于刀具耐用度提高,避免了因焊接而引起的刀片硬度下降、产生裂纹等缺陷,使用时间较长,换刀时间缩短,提高了生产效率。

➤ 刀杆可重复使用,既节省了钢材又提高了刀片的利用率;刀片由制造厂家回收再利用,提高了经济效益,降低了刀具成本。

➤ 刀片重磨后,尺寸会逐渐变小,为了恢复刀片的工作位置,往往在车刀结构上设有刀片的调整机构,以增加刀片的重磨次数。

④ 可转位式车刀。它是采用可转位刀片的机夹车刀。一条切削刃用钝后可迅速转位换成相邻的新切削刃,即可继续工作,直到刀片上所有切削刃均已用钝,刀片才报废回收。换新

刀片后,车刀又可继续工作。

可转位式车刀的刀片有三角形、偏三角形、凸三角形、正方形、五角形和圆形等多种形状。使用时可根据需要按国家标准或制造厂家提供的产品样本选用。

可转位式车刀包括刀杆、刀片、刀垫、夹固元件等部分,利用刀片上的孔和一定的夹紧机构实现对刀片的夹固。夹固结构既要牢固可靠,又要定位准确,操作方便,并且不能妨碍切屑的流出。根据夹紧机构的结构不同,可转位式车刀有偏心式、杠杆式、楔销式、上压式等典型结构,如图 2-7 所示。

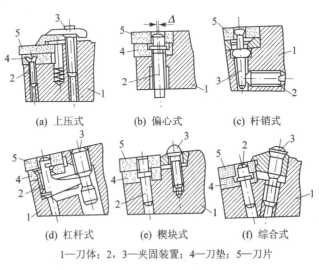

(a) 上压式 (b) 偏心式 (c) 杆销式

(d) 杠杆式 (e) 楔块式 (f) 综合式

1—刀体;2,3—夹固装置;4—刀垫;5—刀片

图 2-7 可转位式车刀的结构

可转位式车刀实物图如图 2-8 所示。

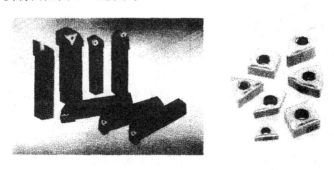

图 2-8 可转位车刀与刀片实物图

(2) 车刀切削部分几何参数

金属切削刀具的种类繁多,形状各异,但从切削部分的几何特征上看,却具有共性。外圆车刀切削部分的形态,可作为其他各类刀具切削部分的基本形态。其他各类刀具是在此基本形态上,按各自的切削特点演变而来的。因此,以外圆车刀为例来介绍金属切削刀具切削部分几何形状的一般术语。

① 刀具切削部分的组成。车刀由切削部分和刀柄组成。刀具中起切削作用的部分称切削部分,夹持部分称刀柄。如图 2-9 所示为车刀的组成部分和各部分名称。切削部分由不同刀面和切削刃构成。定义如下:

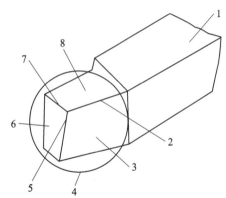

1—刀柄；2—主切削刃；3—后刀面；4—切削部分；5—刀尖；
6—副后刀面；7—副切削刃；8—前刀面

图 2-9 车刀的组成部分

➤ 前刀面　切屑沿其流出的刀面。

➤ 后刀面　也称主后刀面,即与过渡表面相对的刀面。

➤ 副后刀面　与已加工表面相对的刀面。

➤ 主切削刃　也称为切削刃,即前刀面与主后刀面的交线,它担负着主要的切削工作。

➤ 副切削刃　前刀面和副后刀面的交线。它配合切削刃完成切削工作,并形成已加工表面。

➤ 刀尖　主、副切削刃连接处,它可以是一个点、一小段短直线或圆弧。

② 刀具标注角度参考系。为了确定切削部分各刀面在空间的位置,要人为地建立基准坐标平面,作为组成参考系的基准。用坐标平面与各刀面间形成相应的角度,定出刀具的几何角度以确定各刀面在空间的位置。

刀具标注角度参考系是设计刀具时,为标注刀具几何角度而采用的参考系,同时也是制造、刃磨和测量刀具时使用的参考系。

由于刀具的几何角度是在切削过程中起作用的,因而基准坐标平面的建立应以切削运动为依据。首先给出假定工作条件(包括假定运动条件和假定安装条件),然后建立参考系。在该参考系中确定刀具的几何角度,称为刀具的标注角度,即静止角度。

➤ 假定运动条件　以切削刃选定点位于工件中心高时的主运动方向作为假定主运动方向。如图 2-10 所示,以切削刃选定点的进给运动方向,作为假定进给运动方向,不考虑进给运动的大小,排除工作条件改变对刀具几何角度的影响。

➤ 假定安装条件　假定车刀安装绝对正确。安装车刀时应使刀尖与工件中心等高;车刀刀杆对称面垂直于工件轴线;车刀刀杆底面水平。

由此可见,标注角度参考系是在简化切削运动和设立标准刀具位置的条件下建立的参考系。刀具标注角度参考系的基准坐标平面包括基面 P_r,切削平面 P_s 和正交平面 P_o,如图 2-10 所示。

➤ 基面(P_r)　通过切削刃上选定点垂直于假定主运动方向的平面。车刀的基面平行于刀杆底面,假定进给运动方向在基面内。

➤ 切削平面(P_s)　通过切削刃上选定点,包括切削刃或切于切削刃(曲线刃)且垂直于基面的平面。车刀的切削平面垂直于刀杆底面,假定主运动方向在切削平面内。

➤ 正交平面(P_o)　通过切削刃选定点并同时垂直于基面和切削平面的平面。

车刀的标注角度是制造和刃磨所需要的,主要有 5 个,如图 2-11 所示。

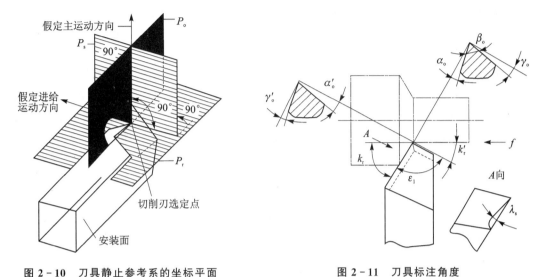

图 2-10　刀具静止参考系的坐标平面　　　　图 2-11　刀具标注角度

i. 前角 γ_o。正交平面中测量的前刀面与基面间的夹角。前角正负的判断方法是:前刀面在基面之上为负,前刀面在基面之下为正。

ii. 后角 a_o。正交平面中测量的主后刀面与切屑平面间的夹角。后角正负的判断方法是:主后刀面与基面之间的夹角小于 90°为正,主后刀面与基面之间的夹角大于 90°为负。

iii. 主偏角 k_r。在基面测量的切削刃投影与假定运动进给方向之间的夹角。

iv. 副偏角 k_r'。在基面内测量的副切削平面与假定工作平面间的夹角,也是副切削刃在基面上的投影与进给反方向的夹角。副偏角一般为正值。

v. 刃倾角 λ_s。刃倾角是未切屑平面中测量的主切屑刃与基面之间的夹角。当刀尖处于切屑刃最高点时,刃倾角为正值;反之为负值;主切屑刃与基面平行时,刃倾角为零。

5. 切削用量的选择

切削速度(v_c)、进给量(f)和背吃刀量(a_p)三者称为切削用量。切削用量是影响工件加工质量和生产效率的重要因素。选择合理的切削用量即选择切削用量三要素的最佳组合,即在保持刀具合理寿命的前提下,使 a_p、f、v_c 的乘积最大,以获得最高的生产率。因此选择切削用量的基本原则是首先选取尽可能大的 a_p;其次根据机床动力和刚性限制条件或已加工表面粗糙度的要求,选取尽可能大的 f;最后利用切削用量手册选取或者用公式计算确定 v_c。

① 背吃刀量 a_p 的选定。切削加工一般分为粗加工、半精加工和精加工。粗加工(表面粗糙度为 50~12.5 μm)时,在机床功率和刀具强度允许情况下,一次走刀应尽可能切除全部余量。在中等功率机床上,背吃刀量可达 2~6 mm。半精加工(表面粗糙度为 6.3~3.2 μm)时,背吃刀量为 0.5~6 mm。精加工(表面粗糙度为 1.6~0.8 μm)时,背吃刀量为 0.05~0.4 mm。应尽量使背吃刀量超过硬皮或冷硬层厚度,以预防刀尖过早磨损。

② 进给量 f 的选定。粗加工时,工件表面质量要求不高,但切削力往往很大,合理进给量的大小主要受机床进给机构强度、刀具的强度与刚性、工件的装夹刚度等因素的限制。精加工

时,合理进给量的大小则主要受工件加工精度和表面粗糙度的限制。

③ 切削速度 v_c 的选择。在 a_p、f 值选定后,一般根据合理的刀具寿命计算或查表来选定切削速度。在生产中选择切削速度的一般原则是:

- 粗车时 a_p 和 f 较大,故选择较低的 v_c;反之,精车时选择较高的 v_c。
- 工件材料强度、硬度高时,应选较低的 V_c;加工奥氏体不锈钢、钛合金和高温合金等难加工材料时,只能取较低的 v_c。
- 切削合金钢比切削中碳钢切削速度降低 20%～30%;切削调质状态的钢比切削正火、退火状态钢要降低切削速度 20%～30%;切削有色金属比切削中碳钢的切削速度高。
- 刀具材料的切削性能愈好,切削速度也选得愈高,如硬质合金钢的切削速度比高速钢刀具高几倍,涂层刀具的切削速度比未涂层刀具要高。如陶瓷、金刚石和 CBN 刀具可采用更高的切削速度。
- 精加工时,应尽量避开积屑瘤和鳞刺产生的区域。
- 断续切削时,为减少冲击和热应力,应适当降低切削速度。
- 在易发生振动情况下,切削速度应避开自激振动的临界速度。
- 加工大型工件、细长件和薄壁工件或带外皮的工件,应适当降低切削速度。

2.1.4　学与练　联动导杆工艺规程制订

1. 零件的工艺分析

由图 2-1 可以看出,直径为 $\phi 75_{-0.025}^{0}$ mm、$\phi 40_{-0.025}^{0}$ mm、$\phi 18_{-0.025}^{0}$ mm 的三个外圆表面为 7 级精度,尺寸精度要求较高,表面粗糙度要求小;$\phi 75_{-0.025}^{0}$ mm 与 $\phi 18_{-0.025}^{0}$ mm 的外圆面存在 $\phi 0.03$ mm 的同轴度要求,此为加工的重点;直径 $\phi 18_{-0.025}^{0}$ mm 的圆柱面结构属于细长杆,加工时容易变形,此为加工难点。根据以上对各级外圆表面技术要求的分析,决定采用粗车和半精车对各级外圆表面进行前期加工,因为 $\phi 20_{0}^{+0.021}$ mm 的孔使外圆面出现不连续表面,因此最终加工采用在外圆磨床上磨削加工。

直径为 $\phi 20_{0}^{+0.021}$ mm 的孔为 7 级精度,表面粗糙度要求为 0.8 μm。由于孔径不大,拟用钻、扩、铰的加工方案。

2. 选择毛坯

此零件的整体结构简单,但不均匀,头部短粗,杆部细长。根据结构特点和零件的生产类型,毛坯拟选用型材下料。

3. 拟定工艺过程

联动导杆的设计基准为 $\phi 75_{-0.025}^{0}$ mm 的轴线,导杆的两端有同轴度要求,为保证同轴度,采用顶尖孔装夹,符合基准统一的原则,不会产生基准转换误差。图纸中零件上没有顶尖孔结构,注意长度方向预留余量,加工到一定阶段去掉此工艺结构。中小批量轴的加工设备通常采用卧式车床。

联动导杆的主要外圆表面采用粗加工、半精加工、精加工三个阶段。根据先粗后精的原则,主要外圆表面的加工顺序为粗车、半精车、磨外圆。

各表面之间的加工顺序:根据基准先行原则,先钻中心孔,为后续加工提供统一的基准,减少基准转换带来的定位误差。先加工基准外圆柱面 $\phi 75_{-0.025}^{0}$ mm,后续加工中其他外圆柱面应与基准圆柱面一次加工完成,达到两者之间的同轴度要求。

根据先主后次的原则,次要表面倒角、$\phi 20^{+0.021}_{0}$ mm 的孔安排在外圆表面半精加工之后完成。

热处理方式为调质,安排在粗加工和半精加工之间。

根据对零件技术要求的分析,毛坯的种类以及生产批量,按照工序集中的原则,拟定出下列联动导杆的加工工艺过程(见表 2 - 12)。

表 2 - 12　联动导杆的加工工艺过程

工序号	工序名称	工序内容	工艺装备
1	下料	$\phi 81$ mm×250 mm	
2	车	平端面,车大端外圆,钻中心孔;掉头,平端面,车小端外圆,钻中心孔	卧式车床
3	热处理	调质	
4	车	修研中心孔	卧式车床
5	车	双顶尖装夹,半精车各外圆、倒角	卧式车床
6	钳	钻、扩、铰 $\phi 20^{+0.021}_{0}$ mm 孔	立式钻床
7	磨	磨各段外圆	外圆磨床
8	车	去除顶尖孔	卧式车床
9	钳	去毛刺	钳工台
10	检验	终检,入库	

练一练

请将工艺过程填写到机械加工工艺过程卡片中,完善卡片中的其他内容。

4. 计算工序尺寸及其偏差(以 $\phi 75^{0}_{-0.025}$ mm 外圆面为例)

1) 查附录 A 加工余量参数表,确定各工序双边余量如下:

➤ 磨削 0.3 mm,单件小批生产,数据乘以系数 1.2,取为 0.4 mm。

➤ 半精车 1.5 mm,单件小批生产,数据乘以系数 1.3,取为 2 mm。

➤ 粗车 2.3 mm,单件小批生产,数据乘以系数 1.3,取为 3 mm。

根据余量计算各工序尺寸:

半精车 $\phi 75.4$ mm;粗车 $\phi 77.4$ mm;毛坯 $\phi 80.4$ mm,取 $\phi 81$ mm。

2) 根据表 1 - 6 外圆柱面加工方案,确定各工序加工精度如下:

➤ 半精车 IT8～IT10 级,取 IT8 级。

➤ 粗车 IT11～IT13 级,取 IT12 级。

3) 根据工序尺寸,查表 2 - 13 确定加工精度,按"入体原则",标注上下偏差。

➤ 半精车 IT8 级,$\phi 75.4$h8 mm($\phi 75.4^{0}_{-0.046}$ mm)。

➤ 粗车 IT12 级,$\phi 77.4$h12 mm($\phi 77.4^{0}_{-0.3}$ mm)。

➤ 毛坯 $\phi 81$,精度为 4 mm,双向对称标注为 $\phi 81 \pm 2$ mm。

表 2 – 13 标准公差数值(节选)

基本尺寸/mm		公　差　等　级								
大于	至	IT5	IT6	IT7	IT8	IT9	IT10	IT11	IT12	IT13
		μm							mm	
10	18	8	11	18	27	43	70	110	0.18	0.27
18	30	9	13	21	33	52	84	130	0.21	0.33
30	50	11	16	25	39	62	100	160	0.25	0.39
50	80	13	19	30	46	74	120	190	0.30	0.46
80	120	15	22	35	54	87	140	220	0.35	0.54
120	180	18	25	40	63	100	160	250	0.40	0.63
180	250	20	29	46	72	115	185	290	0.46	0.72

练一练

计算外圆 $\phi 40_{-0.025}^{0}$ mm、$\phi 18_{-0.025}^{0}$ mm 以及孔 $\phi 20_{0}^{+0.021}$ mm 的工序尺寸。

2.2　任务 2

2.2.1　任务 2　工作任务书

(1)零件图纸

零件图纸:气缸体螺柱。

学习情境 2 任务 2 零件图:如图 2 – 12 所示。

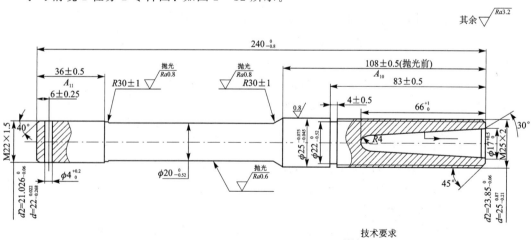

技术要求
1. 材料1BCr2N14WA。
2. 热处理33~37HRC。
3. 磁材检测。
4. 螺距误差在50 mm长度内不大于0.15 mm。
5. 抛光后发蓝。

图 2 – 12　学习情境 2 任务 2 零件图

（2）三维图

学习情境 2 任务 2 零件三维图：如图 2-13 所示。

图 2-13　学习情境 2 任务 2 零件三维图

（3）工作任务描述

➤ 工作任务 2：气缸体螺柱的工艺制订。

➤ 工作任务描述：拟加工如图 2-12 所示的气缸体螺柱，设计其加工工艺，填写相关的工艺文件，然后利用车床加工出合格的零件。从零件工艺制订所需要的背景知识、工作过程、机床操作等方面按照企业工作流程和工作标准使学生逐渐从零件工艺制订的初学者到熟练者。

➤ 零件材料：不锈钢。

➤ 生产类型：大批量。

完成本任务学时建议 6 学时。

2.2.2　任务 2　工作页

工作任务 2：气缸体螺柱的工艺制订。

1. 学习目标

通过本任务的学习，应该能够：

① 选择合适的信息渠道收集细长轴、精密螺纹、中空轴、锥孔车削加工所需的专业信息。

② 独立通过查阅《机械加工工艺手册》，确定轴毛坯种类、形状和尺寸。

③ 阅读工作任务书，通过查阅技术与工艺手册、车床使用说明书以及机床现有性能，分析气缸体螺柱的图纸，以合作的方式编制待加工零件的加工工艺，填写工艺文件。

④ 根据零件加工工艺选择合适的机床、刀具、夹具和相应的量具。

⑤ 在教师的引导下，在所选择的车床上，以满足安全生产和技术的要求，独立加工出气缸体螺柱，并控制加工质量。

⑥ 检测加工质量，分析出现此种加工结果的原因，找出提高加工质量、降低加工成本的途径与方法。

2. 背景材料

本零件的重点表面为两头的螺纹面和 1:10 的圆锥孔。

螺纹分为外螺纹与内螺纹。小规格的内螺纹一般是用丝锥加工，单件小批生产时可用手工攻螺纹，当批量较大时则应在车床、钻床或攻丝机上用机用丝锥进行机攻。规格较大的内螺纹除用攻螺纹加工外，还可在车床上、螺纹铣床上或螺纹磨床上加工螺纹。外螺纹的加工方法比较多，最常见的有套螺纹、车螺纹、铣螺纹、滚压螺纹及磨螺纹等。套螺纹是用圆板牙加工外螺纹的一种方法。套螺纹既可以用手工操作，也可以在机床上用机械进行。所套螺纹的精度较低，只能用于加工精度要求不高的普通螺纹。车螺纹是最常见的一种螺纹加工方法，在车床上可以加工大、小规格的各种类型的螺纹,加工质量主要取决于工人的技术水平,生产率低,主要用于单件小批生产。铣螺纹的生产率高,适合于成批及大量生产。铣螺纹的精度可以达到6级。滚压螺纹的方法是一种高生产率的螺纹加工方法,适合于大批大量生产,螺纹精度可达4级。磨螺纹主要用于高硬度精密螺纹的加工。

圆锥孔可采用专用扩孔钻获得。

3. 工作过程

① 阅读任务书,分析待加工气缸体螺柱的结构和技术要求,并将分析结果分别填入表 2-14 和表 2-15 中。

表 2-14　气缸体螺柱的结构分析

几何结构要素	整体结构特征	结构工艺评价

表 2-15　气缸体螺柱的技术要求分析

几何要素	尺寸及公差	位置公差	表面粗糙度

② 通过对零件进行结构分析,指出其加工难点是什么?哪些内容可能会产生不合格件?如何解决? 将难点和解决措施填入表 2-16 中。

表 2-16　加工难点和解决措施

序　号	加工难点	解决措施
1		
2		
⋮		
n		

③ 准备好刀具、夹具、量具、材料、辅料。

④ 确定零件的加工方案。每个人都制订 2 个及以上加工方案,然后小组讨论每个加工方案,并将各个方案的分析比较填入表 2-17 中。

方案 1:请自主设计一张表格来表述加工方案 1。

方案 2:请自主设计一张表格来表述加工方案 2。

表 2 - 17　各种方案比较

方 案	优 点	缺 点
方案 1		
方案 2		
⋮		
方案 n		

⑤ 小组汇报。汇报本小组该零件的加工工艺方案与步骤。

每个小组将组内每个成员的零件工艺方案经讨论汇总,得出本小组的多个方案,由小组成员的一位代表在全班进行汇报。

⑥ 在将多个方案在进行反复比较与论证的基础上,确定一个最优化的零件加工工艺方案。

提示:确定最优化的方案要考虑的主要问题有:

➤ 工艺方案的可行性。

➤ 加工成本(经济性)。

➤ 满足技术要求的可能性。

➤ 车床、刀具、夹具等的现状。

⑦ 综合前述的结果,规划该零件的加工工艺。将规划的每个工序的工序图绘制出来。

⑧ 制订所要加工该零件的加工工艺,填写相应的工艺文件。

➤ 选择毛坯。应该选择何种毛坯?尺寸多大(留出适量的加工余量)?

➤ 制订气缸体螺柱的加工工序,并填写工序卡片(见表 2 - 18)和机械加工工序卡片(见表 2 - 19)。

表 2 - 18　机械加工工艺过程卡片

➤ 选择加工机床。根据轴的加工要求，选择合适的加工机床。

➤ 确定装夹方式。正确选择工件的装夹方式。

➤ 选择合适的刀具。

➤ 选择、计算切削参数。

表 2-19　机械加工工序卡片

工厂	机械加工工序卡片	产品名称及型号		零件名称	零件图号	工序名称		工序号	第（ ）页
									共（ ）页
		车　间		工　段	材料名称	材料牌号		力学性能	
		同时加工工件数		每料件数	技术等级	单件时间/min		准-终时间/min	
		设备名称		设备编号	夹具名称	夹具编号		切削液	

工步号	工步内容	进给次数	切削用量			时间定额/min		工艺装备			
			切削深度/mm	进给量/(mm·r⁻¹)	切削速度/(m·min⁻¹)	基本时间	辅助时间	名称	规格	编号	数量

编　制		抄　写		校　对			审　核			批　准	

⑨ 总结细长轴、精密螺纹、轴向锥孔的加工方法。主要包括：加工方法选择、加工顺序安排、工装夹具选择。

⑩ 操作车床加工气缸体螺柱。每个学生以满足技术和经济要求的方式加工所要求完成的轴类零件。

➤ 装夹工件毛坯。

➤ 加工气缸体螺柱。

➤ 检测加工结果。

➤ 维护机床。

⑪ 对照零件图纸，检测零件的尺寸公差、形状公差、位置公差等技术要求所要求的各项指标，并将检测结果填入表 2-20 中。

表 2-20　气缸体螺柱加工结果检测表

序　号	检测项目	图纸要求	实际检测结果	备　注
1				
2				
3				
⋮				
n				

⑫ 在加工质量检测的基础上分小组讨论。与图纸要求相比，哪些不能满足要求？哪些超过技术要求？原因是什么？将讨论结果填入表 2-21 加工质量分析表中。

表 2 - 21　加工质量分析表

序　号	不合格项目	质量优良项目	原　因
1			
2			
3			
⋮			
n			

2.2.3　知识链接

1. 车床常用附件

（1）三爪卡盘

三爪卡盘是一种自动定心的通用夹具。装夹工件方便,但定心精度不高,夹紧力较小。一般用于截面为圆形、三角形、六方形的轴类及盘类中小型零件的装夹。

（2）四爪卡盘

卡盘的四爪位置通过四个螺钉分别调整,因此,它不能自动定心,需要与百分表、划针盘配合进行工件中心的找正。经找正后的工件安装精度高,夹紧可靠。一般用于方形、长方形、椭圆形以及各种不规则的零件的安装。

（3）顶　尖

用于顶夹工件,工件的旋转由安装于主轴上的拨盘带动。顶尖有死顶尖和活顶尖之分。用顶尖顶夹工件时,应在工件两端用中心钻加工出中心孔。工件对顶安装,可获较高同轴度;工件亦可一夹一顶安装,此时夹紧力较大,但精度不高。

（4）花盘与弯板

花盘是安装于主轴的一个端面,有许多用来穿压紧螺栓长槽的圆盘,用于安装无法使用三爪和四爪卡盘装夹的形状不规则的工件。工件可直接装于花盘,也可借助于弯板配合安装。工件的位置需经找正。花盘上安装工件的另一边需加平衡铁平衡,以免转动时产生振动,如图 2 - 14 所示。

（5）中心架与跟刀架

加工细长轴时,为提高工件刚性和加工精度,常采用中心架与跟刀架,中心架(见图 2 - 15)用压板和螺钉紧固在床身导轨上;跟刀架(见图 2 - 16)紧固在刀架滑板上,与刀架一起移动。

2. 轴类零件加工的工艺分析

（1）加工顺序安排

① 外圆表面加工顺序应为,先加工大直径外圆,然后再加工小直径外圆,以免一开始就降低了工件的刚度。

② 轴上的花键、键槽等表面的加工,应在外圆精车或粗磨之后,精磨外圆之前进行。轴上矩形花键的加工,通常采用铣削和磨削加工,产量大时常用花键滚刀在花键铣床上加工。以外径定心的花键轴,通常只磨削外径,而内径铣出后不必进行磨削,但如经过淬火而使花键扭曲

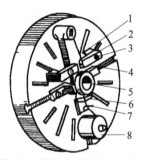

1—垫铁；2—压板；3—螺钉；4—螺钉槽；
5—工件；6—角铁；7—紧定螺钉；8—平衡铁

(a) 在花盘上安装工作

1—螺钉孔槽；2—花盘；3—平衡铁；
4—工件；5—安装基面；6—弯板

(b) 在花盘弯板上安装工件

图 2-14   用花盘、弯板安装工件

变形过大时,也要对侧面进行磨削加工。以内径定心的花键,其内径和键侧均需进行磨削加工。

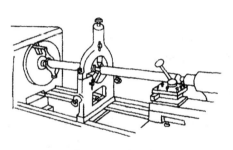

图 2-15   中心架

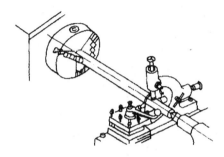

图 2-16   跟刀架

③ 轴上的螺纹一般有较高的精度要求,如安排在局部淬火之前进行加工,则淬火后产生的变形会影响螺纹的精度,因此螺纹加工宜安排在工件局部淬火之后进行。

（2）轴类零件加工的定位基准和装夹

① 以工件的中心孔定位。中心孔不仅是车削时的定位基准,也是其他加工工序的定位基准和检验基准,并且符合基准统一原则。当采用两中心孔定位时,还能够最大限度地在一次装夹中加工出多个外圆和端面。

② 以外圆和中心孔作为定位基准。用两中心孔定位虽然定心精度高,但刚性差,尤其是加工较重的工件时不够稳固,切削用量也不能太大。而这种定位方法能承受较大的切削力矩,是轴类零件最常见的一种定位方法。

③ 以两外圆表面作为定位基准。在加工空心轴的内孔时,可用轴的两外圆表面作为定位基准。以保证锥孔相对支承轴颈的同轴度要求,消除基准不重合而引起的误差。

④ 以带有中心孔的锥堵作为定位基准。在加工空心轴的外圆表面时,往往还采用带中心孔的锥堵或锥套心轴作为定位基准。

（3）热处理工序的安排

若需要进行调质处理,则应放在粗加工后、半精加工前进行。如采用锻件毛坯,则必须首先安排退火或正火处理。若毛坯为热轧钢,则可不必进行正火处理。

3. 细长轴的车削

（1）特　点

通常将零件长度 L 与直径 D 的比值 L/D 大于 20 的轴称为细长轴。

① 细长轴刚性差。在车削受到切削力和重力的作用时很容易引起弯曲变形，产生振动，从而影响加工精度和表面质量。

② 细长轴热变形量大。在切削热的作用下，会产生较大的膨胀，如果轴两端采用固定支承则会受挤压而产生弯曲变形。当轴以高速旋转时，所引起的离心力也会加剧轴的变形。

③ 细长轴在高转速、小进给量精车时，刀具容易磨损，从而影响工件的尺寸精度和形状精度。

（2）保证车削质量的措施

根据上述几个方面的特点，车削细长轴时通常应采取如下措施：

① 改进刀具几何参数。车削时增大主偏角（$k_r = 75° \sim 93°$），加大前角（$\gamma_0 = 15° \sim 30°$）并使刃倾角 $\lambda_s = -3° \sim 10°$。这些角度的改进，能使背向力减小，从而减小或避免工件产生弯曲变形和振动。

② 改进工件的装夹方法。在细长轴左端外圆上套上开口直径约 4 mm 的钢丝圈，利用三爪自定心卡盘夹紧，可减少外圆与卡爪间的接触面积，并能自由调节其方位，避免夹紧时形成弯曲力矩。尾座顶尖改用有弹性自动伸缩的活顶尖，可使工件在受切削热产生线膨胀时能向后移动，避免热膨胀引起的弯曲变形。选用 3 个支承块的中心架或跟刀架可增加工件的刚性和平衡切削时产生的径向力，减小切削振动和工件变形误差。使用中心架或跟刀架必须注意仔细调整，保证其支承与工件表面保持良好的接触，其中心高与机床顶尖中心须保持一致，中心架和跟刀架的支承爪在使用中容易磨损，应及时调整。

③ 改变进给方向。车削细长轴时改变走刀方向，使中滑板由床头向尾座移动，如图 2-17 所示，反向进给车削。这样刀具施加于工件上的轴向力朝向尾座，工件已加工部位受轴向拉力引起的轴向变形则可由尾座弹性顶尖来补偿，减少了工件弯曲变形。

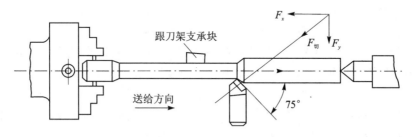

图 2-17　反向进给车削

④ 适当减小背吃刀量和进给量。由于细长轴的刚性差，因此，减小背吃刀量和进给量也能使背向力变小。

⑤ 此外，细长轴加工完毕后的安放、运输等也须防止其变形。实践中常采用悬挂（吊挂）的方式可以有效防止其轴线变形。

4. 难加工材料——不锈钢的切削加工性特点

（1）切削加工性

不锈钢属于难加工材料，其切削加工性较差的主要表现如下：

① 塑性高,加工硬化严重,切削抗力增大。以奥氏体不锈钢 1Cr18Ni9Ti 为例,其强度和硬度虽与中碳钢相近,但由于塑性大,其延伸率超过 45 钢 1.5 倍以上,切削加工时塑性变形大。由于加工硬化,剪切滑移区金属材料的切应力增大,使总的切削抗力增大。单位切削力比正火状态 45 钢约高 25 %。

② 切削温度高,刀具容易磨损。切削不锈钢时,其切削温度比切削 45 钢约高 200~300 ℃。其主要原因:一是由于切削抗力大,消耗功率多;二是不锈钢导热性差。例如 1Crl8Ni9Ti 的热导率只有 45 钢的 1/3,切削热导出较慢使切削区和刀面上的温度升高。

不锈钢材料中的高硬度碳化物(例如 TiC 等)形成的硬质点对刀面的摩擦以及加工硬化等原因,使刀具容易磨损。

③ 容易粘刀和生成积屑瘤。由于不锈钢的塑性大,黏附性强,特别是切削含碳量较低的不锈钢时,例如 1Crl8Ni9Ti 更容易生成积屑瘤,影响已加工表面质量,因此难以得到光洁的表面。

④ 切屑不易卷曲和折断。由于不锈钢塑性高、韧性大,且高温强度高,切削时切屑不易折断,解决断屑和排屑问题也是顺利切削不锈钢的难点之一。

(2) 不锈钢的合理切削条件

1) 刀具材料及合理几何参数的选择

刀具材料及合理几何参数的选择如下:

① 刀具材料的选择

根据切削加工不锈钢时加工硬化严重,切削力大,切削温度高,刀具容易磨损等特点,刀具应选择热硬性和耐磨性好的材料。

用高速钢刀具切削不锈钢时宜采用高性能高速钢,特别是含钴高速钢和含铝超硬高速钢。

用硬质合金刀具切削不锈钢时,宜选用 YW1 、YW2 等牌号。若只有 YG 类和 YT 类普通硬质合金可供选用时,则宜选用 YG 类硬质合金(例如 YG5 、YG6),因为 YG 类硬质合金韧性较 YT 类好,允许采用较大的前角,减小加工硬化。同时 YG 类硬质合金的热导率较 YT 类大(YG5 的热导率为 YT15 的 2 倍),有利于切削区温度的降低。此外,YG 类硬质合金与含钛不锈钢的勃结强度系数远小于 YT 类硬质合金。因此,生产中不宜用 YT 类普通硬质合金加工不锈钢,特别是含钛的不锈钢,而可多用 YG 类硬质合金。

当 YT 类硬质合金中加入少量的碳化铌、碳化钽后,由于提高了抗弯强度和冲击韧性,扩展了 YT 类硬质合金的使用性能,即 YW 类硬质合金,也适于加工不锈钢。

② 刀具合理几何参数的选择

前角及刃区剖面:根据不锈钢塑性大,强度和硬度并不高,但加工硬化严重的特点,宜选取较大的前角和较小的负倒棱。在保证切削刃强度的前提下尽可能使刀刃锋利,以减少加工硬化程度,一般可取 15°~30°。

由于不锈钢容易粘刀,刀具前面粗糙度 Ra 应小于 0.4 μm。

刃倾角的选择:考虑到采用了较大正前角以后,刀尖强度有所削弱,为增强刀尖强度,又不使背向反力增大过多,宜取数值较小的负刃倾角,一般取 −5°~−10°。

前面形状:解决卷屑和断屑是切削不锈钢的重要问题之一,为提高卷屑及断屑效果,一般用外斜式全圆弧形断屑槽。

由于切削不锈钢时加工硬化严重,后角值一般选得比切削普通碳素钢稍大些。

2）切削用量及切削液

切削用量及切削液的选择如下：

① 切削用量的选择

切削不锈钢时的背吃刀量和进给量的选择原则与切削普通碳素钢无多大区别。由于不锈钢的切削加工性差，切削温度高，刀具容易磨损，因此，在相同的切削条件下，一般车削不锈钢的切削速度只有车削普通碳素钢的 40%～60%。

而且，由于不锈钢的牌号不同，热处理状态不同，因而所允许的切削速度也不相同。在保持同一刀具寿命的情况下，若以车削 1Cr18Ni9Ti 的切削速度为基数，则车削 28HRC 以下的 1Cr13 和 2Cr13 时，切削速度可提高到 1.2～1.5 倍；车削 35HRC 以下的 3Cr13 等不锈钢时，切削速度应降低到 0.7～0.8 倍。

② 切削液的选择

切削不锈钢时，由于其导热性差，切削层变形大，切削温度高，容易发生粘刀，因此，与切削普通碳钢相比，要求切削液有良好的润滑性能和冷却性能。

乳化液有良好的冷却性能，主要用于粗车，磨削，钻孔工序；浓度较大的乳化液或极压乳化液（如硫化乳化液）也用于铰孔工序。

精加工不锈钢的切削液要求有良好的润滑性能，宜采用加入极压添加剂或油性添加剂的切削液。硫化油适用于一般车削、钻削、拉削、铰削等；硫化豆油不但润滑性能好且渗透性和吸附性能强，特别适用于不锈钢的钻孔、扩孔和铰孔的精加工工序；切削油中加入煤油时，可增加润滑液的渗透性能，例如由煤油（质量分数为 15%～25%）、硫化油（质量分数为 85%～60%）和油酸（质量分数 15%）所组成的切削液，适用于不锈钢的精加工和深孔加工；不锈钢铰孔和攻螺纹等工序，也可使用液体二硫化铝作切削液。

2.2.4　学与练　气缸体螺柱工艺规程制订

1. 零件的工艺分析

由图 2-12 可以看出，重点表面为两端的螺纹面及锥度为 1∶10 的圆锥孔。两处螺纹的中径公差都是 0.06 mm，属于高精度螺纹。根据零件的结构特点，其中 M22×1.5 的外螺纹适合采用直接滚压螺纹的方法加工。而 M25×2 的外螺纹由于精度高、螺距大、旋合长度长以及中空等因素，应采用先车后磨的加工方案。锥度 1∶10 的圆锥孔，由于直径尺寸较小，因而采用先分级钻孔再扩孔的方法加工。

2. 选择毛坯

由于零件的各部位直径相差不大，选择棒料毛坯较为合理。

3. 拟定工艺过程

气缸体螺柱生产批量大，故采用工序分散的原则，部分工序使用高效的专用机床。钻顶尖孔时采用双面顶尖孔钻床；钻、扩锥孔时采用转塔车床、专用刀具。

长头螺纹精度要求高，采用粗车—半精车—磨外圆—粗车螺纹—磨螺纹的加工路线。短头螺纹用滚丝机滚压成形。

气缸体螺柱结构细长，在车削时使用跟刀架提高工艺系统刚性；选择较大主偏角的车刀，以减少振动和变形。

注意安排磁力检测工序，满足技术要求。磁力检测是用磁力探伤机将零件磁化，从而检查是否存在内部裂纹的一种方法。

螺柱颈部要安排抛光工序,满足0.8的表面粗糙度要求。

表面处理方式为发蓝处理,满足零件外观要求。

根据分析拟定气缸体螺柱的加工工艺过程(见表2-22)。

表2-22 气缸体螺柱的加工工艺过程

工序号	工序名称	工序内容	工艺装备
1	下料	ϕ28 mm×248 mm	
2	车	平两端面	卧式车床
3	钳	钻中心孔	双面顶尖孔钻床
4	车	双顶尖装夹,粗车长端外圆	卧式车床
5	车	粗车短端外圆及颈部外圆	卧式车床
6	车	钻、扩锥孔,孔口倒角	转塔车床
7	车	半精车长端外圆、退刀槽、倒角	卧式车床
8	车	半精车短端外圆及颈部外圆	卧式车床
9	车	修研两端顶尖孔	卧式车床
10	磨	磨颈部外圆	外圆磨床
11	磨	磨长端外圆	外圆磨床
12	磨	磨短端外圆	外圆磨床
13	车	粗车长端螺纹	卧式车床
14	磨	磨长端螺纹	螺纹磨床
15	滚压	滚压短端螺纹	滚丝机
16	钳	钻4孔、倒角	台式钻床
17	车	抛光颈部	卧式车床
18	检验	磁力检测	磁力探伤机
19	表面处理	发蓝	
20	检验	终检,入库	

练一练

请将工艺过程填写到机械加工工艺过程卡片中,完善卡片中的其他内容。

4. 拟定机械加工工序卡内容

(1)绘制工序简图

机械加工工序卡片中的工序简图不同于零件图,它用于表达本工序加工时采用的定位面(用符号﹀表示),本工序加工时的已加工表面(用细实线表达)及待加工表面(用粗实线表达);本工序的工序尺寸、精度要求(非本工序尺寸不作标注)等。工序简图用简明的图形突出本工序加工的重点。

以工序4粗车长端外圆为例,绘制工序简图如图2-18所示。

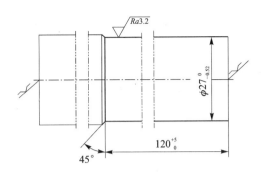

图 2-18　粗车长编外圆工序简图

（2）确定切削用量

以工序 4 粗车长端外圆为例。

首先选择背吃刀量：2 mm。

其次选择进给量：根据附录中表 B-1 粗车外圆及端面的进给量，按照硬质合金刀具材料、刀杆尺寸 25 mm×25 mm 的条件选取 f 为 0.5 mm/r。

最后确定切削速度：根据附录中表 B-3 硬质合金车刀纵车外圆的切削速度，按照耐热钢、切削深度为 2 mm、进给量 0.5 mm/r 的条件选取切削速度为 134 m/min。

换算主轴转速：n＝1 524 r/min（直径考虑半精车、磨削余量）

查附表 B-7 常用通用机床主轴转速，按 CA6140 车床正转，选取标准转速 1 400 r/min，实际切削速度 v_c＝123.1 m/min

将以上内容填写到表 2-23 中。

表 2-23　气缸体螺柱工序 4 机械加工工序卡

机械加工工序卡片	产品型号	零件名称	零件图号	工序名称	工序号		第（4）页
		气缸体螺柱	3	车	4		共（20）页
	车间	工段	材料名称	材料牌号			力学性能
	机加	2	不锈钢	1BCr2Ni14WA			
	同时加工件数	每料件数	技术等级	单件时间/min			准-终时间/min
	1	1	13	6			
	设备名称	设备编号	夹具名称	夹具编号			切削液
	车床	JJ-2-04	三爪卡盘				乳化液

工步号	工步内容	进给次数	切削用量			时间定额/min		工艺装备			数量
			切削深度/mm	进给量/(mm·r⁻¹)	切削速度/(m·min⁻¹)	基本时间	辅助时间	名称	规格	编号	
1	粗车长端外圆	1	2	0.5	123.1	2	4				
编制		抄写		校对			审核				

练一练

　　请自选另一工序，完成机械加工工序卡。

2.3　任务3

2.3.1　任务3　工作任务书

产品名称：减速箱传动轴。

材料：45 热轧圆钢。

生产类型：小批生产。

热处理：调质处理。

工艺任务：

➤ 根据图 2-19 所示的零件图分析其结构、技术要求、主要表面的加工方法，拟订加工工艺路线；

➤ 确定详细的工艺参数，编制工艺规程。

建议学时：2 学时。

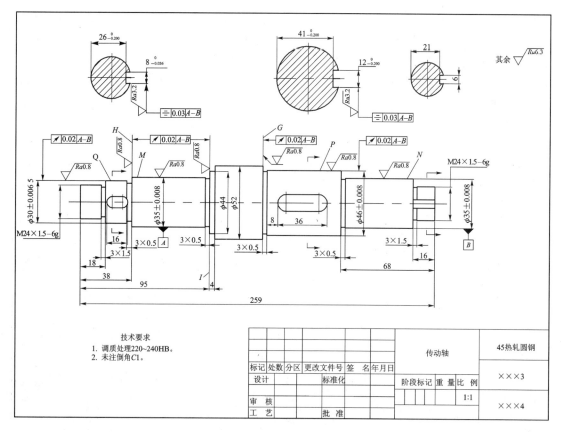

图 2-19　传动轴

2.3.2　制订传动轴零件的工艺规程的步骤

1. 分析零件图

从工艺任务单和零件图可以得知：此轴为没有中心通孔的多阶梯轴，主要功能是支承齿轮、蜗轮等零件，并传递输入扭矩。该零件结构简单，主要表面为外圆表面，较高的尺寸精度和形位精度主要集中于轴颈 M 、N，外圆 P 、Q 及轴肩 G 、H 、I 处，且具有较小的表面粗糙度值。材料为 45 热轧圆钢，小批生产。

2. 确定毛坯

该轴的材料是 45 热轧圆钢，所以毛坯即为热轧圆钢棒料。该轴长度为 259 mm，最大直径是 52 mm，所以取毛坯尺寸为 ϕ55 mm×265 mm。

3. 确定各表面的加工方法及选择加工机床与刀具

该传动轴的主要表面是各段外圆表面，次要表面是端面、键槽、越程槽、外螺纹、倒角等。

各段外圆表面的加工：采用车削和磨削的加工方法。

端面、越程槽、外螺纹、倒角的加工：采用车床、端面车刀、切槽刀、螺纹车刀进行加工。

键槽的加工：采用立铣机床或键槽铣床、键槽铣刀进行加工。

4. 划分加工阶段

根据加工阶段划分的要求和零件表面加工精度要求，该轴加工可划分为 3 个阶段：粗加工阶段（粗车各外圆，钻中心孔）、半精加工阶段（半精车各外圆、台肩面，修研中心孔等）和精加工阶段（粗、精磨各外圆、台肩面）。

5. 安排加工顺序

按照切削加工顺序的安排原则：先加工轴两端面，钻中心孔；再粗加工、半精加工、精加工。

① 外圆表面的加工顺序：先加工大直径外圆，然后加工小直径外圆，避免降低工件刚度。

② 键槽、越程槽、外螺纹的加工顺序：在半精加工之后，精磨之前。

③ 调质处理：应该放在粗加工之后，半精加工之前。该轴毛坯为热轧钢，不必进行正火处理。

6. 工件装夹方式

该轴由于批量较小，可考虑选择通用夹具。粗加工时为了提高零件的刚度，采用外圆表面和中心孔同做定位基面，即采用一夹一顶的方式进行装夹加工；在半精加工及精加工阶段，为了保证两轴承处的位置公差要求，采用两中心孔作为定位基面，即采用两顶尖进行装夹加工；另外，为了减小机床传动链对加工精度的影响，在双顶尖装夹过程中还辅以鸡心夹头进行装夹。

7. 拟订加工工艺路线

根据以上分析，零件表面的尺寸精度最高为 IT6 级，表面粗糙度 Ra 值最小为 0.8 μm 。查表 1 - 6 可知，按序号 6 的路线进行加工，即粗车—半精车—粗磨—精磨。由此可以得出该轴的加工工艺路线如表 2 - 24 所示。

表 2-24 传动轴的加工工艺路线

序 号	工 序	工序内容	机 床
1	下料	$\phi55$ mm×265 mm	
2	粗车	粗车大直径端端面,钻中心孔,粗车外圆;掉头车另一端面,钻中心孔,粗车外圆	车床
3	热处理	调质处理	
4	钳工	修研两端中心孔	车床
5	半精车	半精车各外圆,倒角,车槽,车螺纹	车床
6	钳工	划键槽及一个止动垫圈槽的加工线	
7	铣	铣键槽、止动垫圈槽	立铣床或键槽铣床
8	钳工	修研两端中心孔	车床
9	粗磨	粗磨各外圆、台肩面	外圆磨床
10	精磨	精磨各外圆、台肩面	外圆磨床
11	检验	检验入库	

8. 确定加工余量、工序尺寸与公差

该轴下料毛坯尺寸为 $\phi55$ mm×265 mm,根据图纸最终加工要求,可以得出长度方向加工总余量为 6 mm,也可得出各阶段外圆的加工总余量,这里不一一列举。该轴的加工遵循基准重合统一原则,各外圆的加工都经粗车—半精车—粗磨—精磨 4 个阶段,所以各外圆的工序尺寸可以从最终加工工序开始,向前推算各工序的基本尺寸。公差按各自采用加工方法的经济精度确定,按入体原则进行标注。值得注意的是:带键槽处的外圆,要最终保证键槽深度,注意磨前键槽的铣削深度必须进行尺寸计算。

练一练

请计算各外圆的工序尺寸及公差。各加工方法的经济精度、余量可以查附录或手册。

---

9. 确定切削用量及工时定额

以粗车工序中加工 $\phi46\pm0.008$ mm 外圆为例,根据加工余量工序尺寸计算,该外圆表面粗加工时由毛坯加工至 $\phi48$ mm 尺寸时切削用量及工时定额是多少?

机床:CA6140 卧式车床。

刀具:90°外圆车刀,刀片材料为 YT15,刀杆尺寸为 16 mm×25 mm,$k_r=90°$,$\gamma_0=15°$,$\alpha_0=8°$。

(1) 确定切削用量

① 背吃刀量:$a_p=[(55-48)/2]$ mm=3.5 mm。

② 进给量:查附表,选用 $f=0.5$ mm/r。

③ 切削速度:查切削用量简明手册,得到各系数,计算如下:

$$V_c = \frac{C_v}{T^m a_p^{X_v} f^{Y_v}} k_v$$

$$= \left(\frac{242}{65^{0.2} \times 3.5^{0.15} \times 0.5^{0.35}} \times 1.44 \times 0.8 \times 0.81 \times 0.97 \right) \text{ m/min} = 73 \text{ m/min}$$

式中，C_v，X_v，Y_v 是根据工件、刀具的不同材料及不同进给量的系数和指数，可查手册得到；k_v 是切削速度修正系数；T 是刀具寿命；a_p 是背吃刀量。

④ 确定主轴转速：

$$n_s = \frac{1\,000 V_c}{\pi d_w} = \frac{1\,000 \times 73}{\pi \times 55} \text{ r/min} \approx 422 \text{ r/min}$$

根据机床主轴转速图取 $n = 450$ r/min，则实际切削速度为

$$V_c = \frac{\pi d_w n}{1\,000} = \frac{\pi \times 55 \times 450}{1\,000} \text{ m/min} \approx 77.72 \text{ m/min}$$

（2）工时定额

① 计算基本时间：

$$T = \frac{L + L_1 + L_2}{nf} = \frac{118 + 4 + 0}{450 \times 0.5} \text{ min} \approx 0.542 \text{ min}$$

② 取 $T_{轴} = 5$ min，$\alpha = 3\%$，$\beta = 2\%$，$T_{准终} = 10$ min。

③ 单件工时定额为

$$T = \left(1 + \frac{\alpha + \beta}{100} \right) T_{作} + T_{准终} / N = \left[\left(1 + \frac{3 + 2}{100} \right) \times (0.542 + 5) + 10/5 \right] \text{ min} \approx 7.8 \text{ min}$$

式中，T 为基本时间与 $T_{轴}$ 之和。

注意：$T_{辅}$ 和 $T_{准终}$ 可以根据企业生产同类零件的经验获得。

10. 确定检测方法

该轴外圆精度为 IT6，可使用外径千分尺；轴向尺寸和其他工序尺寸可使用游标卡尺测量。

11. 填写工艺卡片

根据确定的工艺路线及各工序工艺参数，填写工艺卡片。

练一练

　　请根据已经填写好的机械加工工艺过程卡，填写机械加工工艺卡；填写一道工序的机械加工工序卡片。

2.3.3　知识链接

1. 刀具材料

刀具材料的种类有工具钢、硬质合金、陶瓷和超硬材料四大类。

目前，生产中所用刀具材料以高速钢和硬质合金居多。碳素工具钢如 T10A 、T12A，工具钢如 9SiCr 、CrWMn，因耐热性差，仅用于一些手工或切削速度较低的刀具。

（1）高速钢

高速钢是含有 W 、Mo、Cr、V 等合金元素较多的工具钢，也称白钢、锋钢。高速钢的强

度、韧性、工艺性均较好,热处理变形小,刃磨后切削刃比较锋利,可制造各种工具,尤其是复杂刀具,例如成形车刀、铣刀、钻头、拉刀、齿轮刀具等。可加工材料的范围也很广泛,例如钢、铁和有色金属等。高速钢按化学成分可分为钨系、钼系(含 Mo 的质量分数 2% 以上);按切削性能可分为普通高速钢和高性能高速钢。普通高速钢具有一定的硬度和耐磨性、较高的强度和韧性、较好的塑性。

(2) 硬质合金

硬质合金是由难溶的金属碳化物(如 WC、TiC、TaC、NbC 等)和金属黏结剂以粉末冶金法制成的。由于硬质合金中含有大量金属碳化物,其硬度、熔点都很高,化学稳定性也好,因此硬质合金的硬度、耐磨性、耐热性都很高,硬度可达 74～82HRC,在 800～1 000 ℃ 时仍能进行切削,允许切削速度为 100～300 m/min,但抗弯强度和冲击韧度较差。硬质合金由于切削性能优良,已成为主要的刀具材料,不但绝大部分车刀采用硬质合金,端铣刀和一些形状复杂的刀具,如麻花钻、齿轮滚刀、铰刀、拉刀等也日益广泛采用此材料。

下面就常用的硬质合金的种类和牌号分别进行简单介绍。

① 钨钴类(WC＋Co)。牌号用 YG 表示。主要牌号有 YG3、YC6、YG8、YG3X、YC6X 等。后缀数字表示钴的质量百分含量,X 表示细晶粒硬质合金。

② 钨钛钴类(WC＋TiC＋Co)。牌号用 YT 表示,常用牌号有 YT5、YT14、YT15 等,后缀数字表示 TiC 的质量百分含量。

③ 钨钛钽(铌)钴类(WC＋TiC＋TaC(NbC)＋Co)。牌号用 YW 表示,常用牌号有 YW1、YW2 。

YG 类硬质合金主要用于加工铸铁、有色金属及非金属材料。切削上述材料时,呈崩碎切屑,切削热、切削力集中在刀尖附近,冲击力大。由于 YG 类硬质合金抗弯强度、冲击韧度好,故可减少崩刃,它又具有较好的导热性,切削热传出快,可降低刀尖温度。但它的耐热性差,不宜采用较高的切削速度。YG 类的韧性和可磨削性好,可磨出较锐利的切削刃,适用于加工有色金属和纤维层压材料。

YT 类适用于加工塑性材料如钢料等。加工该类材料时,摩擦严重,切削温度高。YT 类具有较高的硬度和耐磨性,尤其具有高的耐热性,在高速切削钢料时,刀具磨损小,刀具耐用度高;低速切削时,因韧性差,易崩刃,不如 YG 类好。

(3) 其他刀具材料

① 陶瓷刀具材料。主要有两大类,即氧化铝陶瓷材料和氮化硅陶瓷材料。陶瓷刀具有很高的硬度(91～95HRA)和耐磨性、耐热性,在 1 200 ℃ 时仍保持 80HRA。其化学稳定性好,与钢不易亲和、抗黏结和扩散能力强,具有较低的摩擦系数,且加工表面粗糙度较小,但抗弯强度低、韧度差、抗冲击性能差。主要用于高速精加工和半精加工冷硬铸铁、淬硬钢等。

② 金刚石。金刚石分天然和人造两种,都是碳的同素异形体。天然金刚石由于价格昂贵用得很少。人造金刚石是在高温高压下由石墨转化而成的,其硬度接近于 10 000 HV,故可用于高速精加工有色金属及合金、非金属硬脆材料。但不适合加工铁族材料,因为高温时极易氧化、碳化,与铁发生化学反应,使刀具极易损坏。

③ 立方氮化硼。立方氮化硼硬度高达 8 000～9 000HV,耐磨性和耐热性好,温度高达 1 400 ℃ 时,仍能切削,主要用于对高温合金、冷硬铸铁进行半精加工和精加工。

④ 刀具材料的表面涂覆层。在高速钢、硬质合金等材料制成的刀具上,在高温真空中以

化学气体涂覆法使其沉积极薄（5～12 μm）的一层高硬度、耐磨和难熔的金属。涂层硬度高、摩擦系数低,使刀具的磨损显著降低。涂层还具有抗氧化能力强和抗勃结性能好的特点。切削速度可提高 30%～50%,刀具总寿命可提高数倍至十倍。

2. 外圆的其他加工方法

（1）磨　削

磨削是轴类零件外圆表面精加工的主要方法,它能磨削淬硬钢件,也能磨削未淬硬钢件和铸铁。磨削一般可分粗磨、精磨、超精密磨削。经粗磨后工件可达到 IT8～IT9 级精度,表面粗糙度 Ra 值为 1.0～1.2 μm;精磨加工后工件可达 IT6～IT8 级精度,表面粗糙度 Ra 值为 0.63～1.25 μm;超精密磨削加工后工件可达 IT5～IT6 级精度,表面粗糙度 Ra 值为 0.16～0.63 μm。当外圆表面的公差等级和质量要求不高时,粗磨或精磨就作为轴类零件的最终加工工序。

外圆磨削的主要方法有纵磨法、横磨法和无心磨削三种。

纵向磨削时,工件和砂轮各自做回转运动,工件还沿其轴向做纵向进给运动。每一纵向行程终了时,砂轮做一次横向（切入）进给。如此反复直至加工余量被全部磨完为止。其适用于精磨或较长的轴类零件,如图 2 - 20 所示。

横向磨削时,用宽砂轮对小于砂轮宽度的外圆表面连续做横向进给运动,直到磨去全部余量。其适用于磨削刚性好、长度较短或两侧有台阶的轴颈,如图 2 - 21 所示。

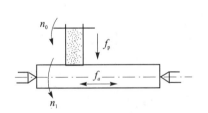

图 2 - 20　纵磨法

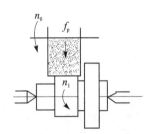

图 2 - 21　横磨法

无台阶、无键槽工件的外圆则可在无心磨床上进行磨削加工。无心磨削是一种适应大批量生产的高效的精加工方法。外圆经磨削后可达 IT5～IT6 级精度,圆度、圆柱度可达 0.006～0.002 mm,表面粗糙度 Ra 值可达 0.8～0.2 μm,如图 2 - 22 所示。

磨削时影响磨削表面质量的主要工艺因素有:砂轮的特性、磨削用量、冷却、砂轮的修整、加工时的振动等。砂轮的特性包括:磨料、磨粒、硬度、结合剂、组织及形状尺寸等,一般在砂轮端面上印有这 6 个方面的特性。

为获得良好的磨削效果,选择砂轮时必须注意以下几点:工件材料的物理、力学性能（强度、硬度、韧性、导热性）,对磨削表面的精度和表面粗糙度的要求,工件的磨削余量,工件的形状和尺寸,以及磨削方式等。

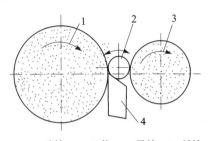

1—砂轮;2—工件;3—导轮;4—托轮

图 2 - 22　无心外圆磨削工作原理

(2) 外圆的精密加工

外圆表面的光整加工是用来提高尺寸精度和表面质量的加工方法,它包括研磨、超精加工、滚压加工。

① 研磨。研磨常在精车和粗磨后进行。研磨后的工件直径尺寸误差为 0.001~0.003 mm,尺寸和形状精度可达 IT6 级以上,表面粗糙度值 Ra 为 0.1 ~0.006 μm,因而,往往又将研磨作为最终加工方法。但研磨不能提高工件表面间的同轴度等相互位置精度。

研具常用铸铁、铜、铝、软钢等比工件材料软些的材料制成。

研磨时,所用研具如图 2-23 所示。部分磨粒嵌入研具表面层,部分磨粒悬浮于工件与研具之间,利用工件与研具之间的相对运动,磨粒就在工件表面切去很薄的一层金属,主要是切削加工工序留下的粗糙凸峰。此外,研磨还有化学作用,研磨剂能使被加工表面形成氧化层,而氧化层易于被磨料除去,因而加速了研磨过程。研磨方法可分为手工研磨和机械研磨两种。

② 超精研。超精研是在良好的润滑冷却条件下,用细粒度油石以较低的压力和快而短促的往复振动频率对工件表面进行光整加工。超精研有 3 种运动,即工件低速回转运动、磨头轴向进给运动和油石高速往复运动,如图 2-24 所示。珩磨能获得表面粗糙度 Ra 值为 0.01~0.1 μm 的表面,加工余量为 0.005~0.025 mm 。因切削速度低、油石压力小、加工时的发热少、工件表面变质层浅,不会使表面烧伤或产生残余应力。其广泛应用于内燃机的曲轴、凸轮轴、轧辊、轴承、精密量具等的加工中,可对外圆、内孔、平面及特殊轮廓表面等各种表面进行加工。

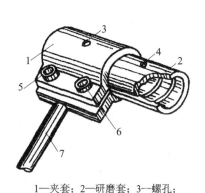

1—夹套;2—研磨套;3—螺孔;
4—凹坑;5、6—螺钉;7—手柄

图 2-23 研磨外圆研具

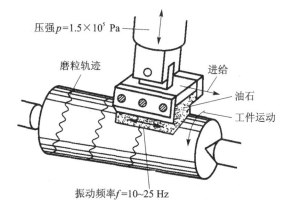

图 2-24 超精研

③ 滚压加工。滚压加工是用滚压工具对工件施加压力,使其产生塑性变形,从而滚光工件表面的加工方法。塑性变形可使表层金属晶体结构弯曲,晶粒细长、紧密,晶界增多,故金属表面得以强化,也就是表层产生残余压应力和冷作硬化现象,使表面粗糙程度降低,强度和硬度有所提高,从而提高了耐磨性和疲劳强度,同时也提高了表面质量。图 2-25(a)所示是利用滚珠在弹簧压力作用下对工件外圆进行滚压加工,图 2-25(b)所示是利用滚轮对工件外圆和圆弧面进行滚压加工。

滚压加工适用于承受高的压应力、交变载荷零件的加工,是一种无切屑的光整加工方法。它可以加工外圆表面、内孔和平面等不同表面,常在精车或粗磨后进行,是一种生产率比较高的加工方法。

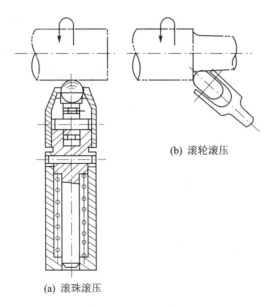

(b) 滚轮滚压

(a) 滚珠滚压

图 2-25　滚压加工

滚压后工件的外圆表面精度等级为 IT8～IT7,表面粗糙度 Ra 为 1.6～0.1 μm;内孔表面公差等级为 IT9～IT7,表面粗糙度值 Ra 为 1.6～0.1 μm。

课后习题 2

一、填空题

1.高速重载条件下工作的轴,应该选用_____材料制造。

2.按照主轴的布置形式,车床分为_____车床和_____车床。

3.车刀按结构可以分为整体式、_____、机械夹固式和_____。

4.加工工件硬度较高时,应选择较_____(高、低)的切削速度。

5.细长轴加工时为提高刚性,减小振动,应使用_____或_____。

6.不适合加工铁族零件的刀具材料是_____。

7.外圆表面的加工方法主要有_____和_____。

8.外圆磨削的方法有_____、横磨法和_____。

9.锻件毛坯应进行_____热处理,然后再进行粗车加工。

10.粗加工和半精加工之间应安排_____热处理。

二、判断

1.曲轴由于形状复杂,通常采用球墨铸铁铸造毛坯。　　　　　　　　　　(　　)

2.整体式车刀都是由高速钢材料制成的。　　　　　　　　　　　　　　(　　)

3.冲击作用下切削时应该提高切削速度,以尽快完成加工。　　　　　　(　　)

4.超精加工的首选刀具材料是金刚石。　　　　　　　　　　　　　　　(　　)

5.不锈钢材料加工时散热条件差,应使用冷却效果更好的切削液。　　　(　　)

6. 细长轴外圆磨削应采用横磨法。 　　　　　　　　　　　　　　　　　（　　　）

7. 淬火后的零件磨削是唯一的加工手段。 　　　　　　　　　　　　　　　（　　　）

8. 轴类零件加工顺序应按先主后次、先小后大、先粗后精的原则进行。 　（　　　）

三、选择题

1. 外圆直径相差不大的一般轴,通常采用(　　　)毛坯制造。

　　A. 铸造　　　　　　　　B. 锻造　　　　　　　　C. 型材　　　　　　　　D. 焊接件

2. 7级精度的轴的外圆表面最终需要经过(　　　)加工。

　　A. 粗车　　　　　　　　B. 半精车　　　　　　　C. 精车　　　　　　　　D. 精细车

3. 加工直径较大、长度较短的大型轴类零件应选用(　　　)

　　A. 卧式车床　　　　　　B. 立式车床　　　　　　C. 转塔车床　　　　　　D. 仿形车床

4. 常用车刀的材料是(　　　)。

　　A. 工具钢　　　　　　　B. 硬质合金　　　　　　C. 陶瓷　　　　　　　　D. 金刚石

5. 车刀的角度中(　　　)与车刀的锋利程度有关。

　　A. 前角　　　　　　　　B. 后角　　　　　　　　C. 主偏角　　　　　　　D. 刃倾角

6. 车刀的角度中(　　　)是控制切屑的流动方向的。

　　A. 前角　　　　　　　　B. 后角　　　　　　　　C. 主偏角　　　　　　　D. 刃倾角

7. 夹紧精度高,用于不规则外形零件装夹的车床夹具是(　　　)。

　　A. 三爪卡盘　　　　　　B. 四爪卡盘　　　　　　C. 双顶尖　　　　　　　D. 中心架

8. 轴上的键槽结构应在(　　　)阶段完成加工。

　　A. 粗加工　　　　　　　B. 半精加工　　　　　　C. 精加工　　　　　　　D. 光整加工

9. 硬质合金车刀适合加工铸铁零件的是(　　　)类。

　　A. YT　　　　　　　　　B. YG　　　　　　　　　C. YW　　　　　　　　　D. 以上都可以

10. 下列(　　　)是为了提高轴类零件的硬度和耐磨性。

　　A. 退火　　　　　　　　B. 调质　　　　　　　　C. 时效　　　　　　　　D. 淬火

11. 车细长轴常采用跟刀架,其目的是(　　　)。

　　A. 增加机床刚性　　　　　　　　　　　　　B. 使刀具运动更准确

　　C. 增加工件刚性　　　　　　　　　　　　　D. 便于对刀

四、简答题

1. 轴的主要作用是什么? 合理的轴的结构应满足哪些基本要求?

2. 如何选择切削用量?

3. 细长轴的加工工艺措施有哪些?

4. 现阶段刀具的主要材料有哪些? 它们的主要特点是什么?

5. 车床夹具有三爪卡盘和四爪卡盘、双顶尖,分别有何特点?

6. 轴类加工工艺中如何体现"基准重合""基准统一""互为基准"原则? 它们在保证轴的精度中起什么作用?

五、分析题

根据图 2 - 26,编制轴套的加工工艺过程。材料 45 钢,单件小批生产。

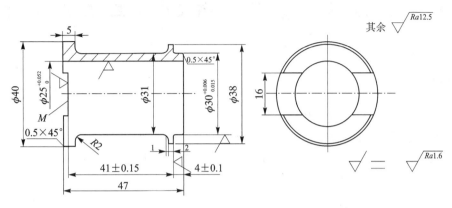

图 2 - 26　分析题

学习情境 3　盘类零件的加工工艺制订

学习目标

完成本学习情境后,应该能够:

➤ 正确分析盘类零件图纸,确定在指定条件工期要求下加工的可行性。

➤ 独立通过查阅《机械加工工艺手册》,确定盘类零件毛坯种类、形状和尺寸,绘制毛坯图纸。

➤ 根据指定的生产条件,确定盘类零件的加工路线。

➤ 独立选择工装夹具,并判断其是否合格。

➤ 确定每道工序的工序尺寸,加工用量。

➤ 制订各个工序的检测方案,并独立检测轴的尺寸精度和形位公差。

➤ 在教师的引导下,根据工艺要求,操作车床和钻床加工典型盘类零件。

➤ 领会典型航天产品中盘类零件的加工特点与绝招。

建议用 20 学时完成本学习情境。

学习内容

➤ 盘类零件工艺特点。

➤ 工序尺寸的计算方法(尺寸链表)。

➤ 切削用量的选择原则。

➤ 盘类零件的装夹方法。

➤ 孔的加工方法(钻、铰削和内圆磨削)。

➤ 工艺文件的制订与会签过程。

3.1　任务 1

3.1.1　任务 1　工作任务书

(1)零件图纸

零件图纸:调节盘。

学习情境 3 任务 1 调节盘零件图:如图 3-1 所示。

(2)工作任务描述

工作任务 1:调节盘的工艺制订。

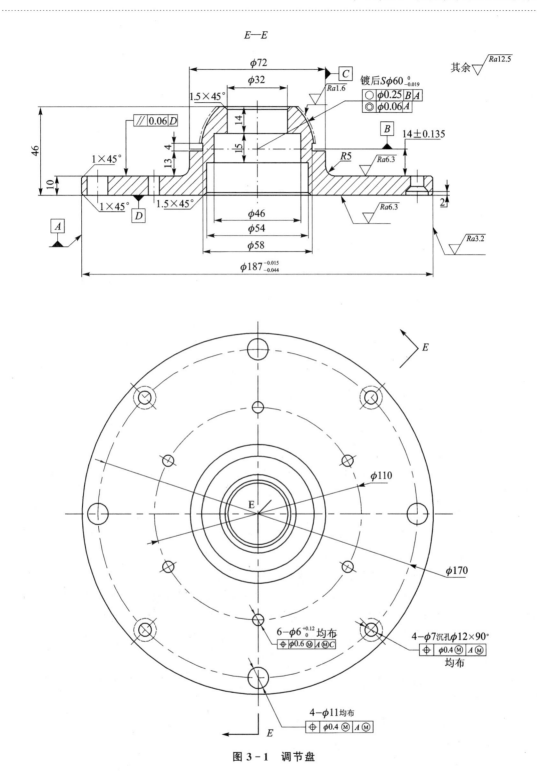

图 3-1　调节盘

工作任务描述：拟加工如图3-1所示的调节盘,设计其加工工艺,填写相关的工艺文件,然后利用钻床加工出合格的零件。从零件工艺制订所需要的背景知识、工作过程、钻床操作等方面按照企业工作流程和工作标准使学生进一步熟悉零件工艺的制订,同时在加工中学会盘类零件的加工特点,认清盘类零件与轴类零件加工的区别与相似之处。

零件材料：25钢。

批量：200件。

完成本任务建议学时：8学时。

3.1.2 任务1 工作页

1. 学习目标

通过本任务的学习,应该能够：

① 选择合适的信息渠道收集所需的专业信息。

② 独立通过查阅《机械加工工艺手册》,分析调节盘的形状和结构特点、材料类型,计算毛坯成本,并与毛坯加工人员协作完成毛坯的铸造。

③ 阅读工作任务书,通过查阅技术与工艺手册、车床和钻床的使用说明书以及机床现有性能,分析调节盘的图纸,以合作的方式编制待加工零件的加工工艺,填写工艺文件。

④ 根据零件加工工艺选择合适的机床、刀具、夹具和相应的量具。

⑤ 在教师的引导下,在所选择的车床上,以满足安全生产和技术的要求,独立加工出调节盘外圆和内圆表面,并控制加工质量。

⑥ 在教师的引导下,在所选择的钻床床上,以满足安全生产和技术的要求,独立加工出调节盘上各小直径孔,并控制加工质量。

⑦ 检测加工质量,分析出现此种加工结果的原因(主要是钻削部分),找出提高加工质量、降低加工成本的途径与方法。

2. 背景材料

盘类零件是机械加工中常见的典型零件之一,在机器中主要起支承、连接作用。盘类零件主要由端面、外圆、内孔等组成,一般零件直径大于零件的轴向尺寸。

盘类零件应用范围很广,例如：支撑传动轴的各种形式的轴承,夹具上的导向套,汽缸套等。不同的盘类零件也有很多的相同点,例如主要表面基本上都是圆柱形的,它们有较高的尺寸精度、形状精度和表面粗糙度要求,而且有高的同轴度要求等诸多共同之处。盘类零件往往对支承用端面有较高平面度、轴向尺寸精度及两端面平行度要求;对转接作用中的内孔等有与平面的垂直度要求及外圆、内孔间的同轴度要求等。

典型航天零件中,盘类零件主要有：发动机涡轮盘、压气机盘、飞轮、轴承端盖、垫片、齿轮等。

3. 工作过程

为了完成本工作任务,需要在熟悉钻削的基础上主要做以下准备：

➤ 了解钻床的种类和型号。

➤ 选择好钻头。

➤ 选择零件装夹方法。

➤ 测量毛坯尺寸并计算切削用量。

这些知识可以通过以下途径获得：

> 机械制造工艺教材。
> 钻床使用说明书。
> 切削用量手册。
> 互联网、校园网中的资源库。

① 阅读任务书,分析待加工调节盘的结构和技术要求,并将分析结果分别填入表 3 - 1 和表 3 - 2 中。

表 3 - 1　调节盘的结构分析

几何结构要素	整体结构特征	结构工艺评价

表 3 - 2　调节盘的技术要求分析

几何要素	尺寸及公差	位置公差	表面粗糙度

② 到钻削加工现场观察零件加工过程,将观察的钻削结果填入表 3 - 3 中。

表 3 - 3　钻削现场观察记录

观察项目	观察结果
使用的机床	
工件的装夹方式	
使用的刀具	
工件的运动	
刀具的运动	

③ 对零件进行结构分析。就本任务而言,是否可以划分成几个子任务? 将划分的子任务填入表 3 - 4 中。

表 3 - 4　子任务分解

子任务 1	
子任务 2	
子任务 3	
⋮	
子任务 n	

④ 根据加工工艺,哪些子任务可以合并成一个工序? 将合并情况填入表 3-5 中。

表 3-5　子任务合并

子任务	合并结果

⑤ 将要加工的零件交货时间与交货要求是怎样的? 这对加工计划将会产生什么样的影响?

影响 1:

影响 2:

$\vdots$

影响 n:

⑥ 成都市制造业对孔加工有什么企业标准或者行业标准? 请查阅相关资料。

⑦ 准备好刀具、夹具、量具、材料、辅料。

⑧ 从工艺文件中,提取钻削加工的工序内容及要求,填入表 3-6 中。

表 3-6　钻削加工内容及要求

序　号	机械加工工艺内容	加工要求
1		
2		
3		
4		

⑨ 分小组到实习厂观察钻削加工情况,以此建立对钻削加工的感性认识。学生做必要的记录与自我总结。

⑩ 组织学生分组讨论:钻床是怎样实现零件加工的? 将讨论情况计入表 3-7 中。

表 3 - 7　讨论情况记录表

序　号	讨论内容记录
讨论结果(结论):	

⑪ 确定零件的加工方案：每个人都制订 2 个及以上加工方案,然后小组讨论每个加工方案,并将各个方案的分析比较填入表 3 - 8 中。

方案 1：请自主设计一张表格来表述加工方案 1。

方案 2：请自主设计一张表格来表述加工方案 2。

表 3 - 8　各种方案比较

方　案	优　点	缺　点
方案 1		
方案 2		
⋮		
方案 n		

⑫ 小组汇报：汇报本小组的加工工艺方案与步骤。

每个小组将组内每个成员的零件工艺方案经讨论汇总,得出本小组的多个方案,由小组成员的一位代表在全班进行汇报。

⑬ 将多个方案在进行反复比较与论证的基础上,确定一个最优化的工艺方案。

提示 确定最优化的方案要考虑的主要问题有：

➤ 工艺方案的可行性。

➤ 加工成本(经济性)。

➤ 满足技术要求的可能性。

➤ 车床、钻床与刀具、夹具等的现状。

⑭ 综合前述的结果,规划该零件的加工工艺。将规划的每个工序的工序图绘制出来。

⑮ 总结钻削加工工艺制订方法。

主要包括：基本加工顺序、工装夹具选择、工艺参数选择。

⑯ 操作车床与钻床加工该零件。每个学生以满足技术和经济要求的方式加工所要求完成的该盘类零件。

➤ 装夹工件毛坯。

➤ 车削加工调节盘内外圆,监控机床运行状态和加工过程。

➤ 画线、钻小径孔,监控机床运行状态和加工过程,注意保证关键尺寸精度及位置精度要求。

➤ 检测加工结果。

➤ 完成其余加工工序并自检及互检零件,记录检测结果。

➤ 维护机床。

⑰ 对照该零件图纸,检测尺寸公差、形状公差、位置公差等技术要求所要求的各项指标,并将检测结果填入表3-9中。

表3-9　调节盘加工结果检测表

序号	检测项目	图纸要求	实际检测结果	备注
1				
2				
3				
⋮				
n				

⑱ 在加工质量检测的基础上分小组讨论。与图纸要求相比,哪些不能满足要求? 哪些超过技术要求? 原因是什么? 将讨论结果填入表3-10加工质量分析表中。

表3-10　加工质量分析表

序　号	不合格项目	质量优良项目	原　因
1			
2			
3			
⋮			
n			

⑲ 评价。按表3-11评价表的评价项目、评价标准和评价方式,对完成本学习和工作任务的过程与结果进行评价。

表 3－11　学习情境 3 任务 1 评价表

学习情境			任务 1		
班　级		姓　名		学　号	
评价方式：学生自评					

评价项目	评价标准	评价结果			
		8	6	4	2
明确学习目标和任务,制订学习计划	8分：明确学习目标和任务,立即讨论制订切实可行的学习计划 6分：明确学习目标和任务,30分钟后开始制订可行的学习计划 4分：明确学习目标和任务,制订的学习计划不太可行 2分：不能明确学习目标和任务,基本不能制订学习计划				
小组学习表现	8分：在小组中担任明确角色,积极提出建设性意见,倾听小组其他成员意见,主动与小组成员合作完成学习任务 6分：在小组中担任明确角色,提出自己的建议,倾听小组其他成员意见,与小组成员合作完成学习任务 4分：在小组中担任的角色不明显,很少提出建议、倾听小组其他成员意见,被动与小组成员合作完成学习任务 2分：在小组中没有担任明确角色,不提出任何建议,很少倾听小组其他成员意见,与小组成员不能很好地合作完成学习任务				
独立学习与工作	8分：学习和工作过程与学习目标高度统一,以达到专业技术标准的方式独立完成所规定的学习与工作任务 6分：学习和工作过程与学习目标相统一,以达到专业技术标准的方式在合作中完成所规定的学习与工作任务 4分：学习和工作过程与学习目标基本一致,以基本达到专业技术标准的方式在他人的帮助下完成所规定的学习与工作任务 2分：参与了学习与工作过程,不能以达到专业技术标准的方式完成所规定的学习与工作任务				
获取与处理信息	8分：能够开拓创造新的信息渠道,从日常生活和工作中随时捕捉完成学习与工作任务有用的信息,并科学处理信息 6分：能够独立地从多种信息渠道收集完成学习与工作任务有用的信息,并将信息分类整理后供他人分享 4分：能够利用学院信息源获得完成学习与工作任务有用的信息 2分：能够从教材和教师处获得完成学习与工作任务有用的信息				
学习与工作方法	8分：能够利用自己与他人的经验解决学习与工作中出现的问题,独立制订完成零件工作任务的方案并实施 6分：能够在他人适当的帮助下解决学习与工作中出现的问题,制订完成零件工作任务的方案并实施 4分：能够解决学习与工作过程中出现的问题,在合作的方式下制订完成零件工作任务的方案并实施 2分：基本不能解决学习与工作中出现的问题				

学习情境			任务1			
班　级		姓　名		学　号		

评价方式：学生自评						
评价项目	评价标准		评价结果			
			8	6	4	2
表达与交流	8分：能够代表小组用标准普通话以符合专业技术标准的方式汇报、阐述小组学习与工作计划和方案，并在演讲的过程中恰当地配合肢体语言，表达流畅、富有感染力 6分：能够代表小组用普通话以符合专业技术标准的方式汇报、阐述小组学习与工作计划和方案，表达清晰、逻辑清楚 4分：能够汇报小组学习与工作计划和方案，表达不够简练，普通话不够准确 2分：不能代表小组汇报与表达，语言不清，层次不明					

评价方式：教师评价						
评价项目	评价标准		评价结果			
			12	9	6	3
工艺制订	12分：能够根据待加工零件的图纸，独立正确制订零件的加工工艺，并正确填写相应表格 9分：能够根据待加工零件图纸，以合作的方式正确制订零件的加工工艺，并正确填写表格 6分：根据待加工零件图纸制订的工艺不太合理 3分：不能制订待加工零件的工艺					
			8	6	4	2
加工过程	8分：无加工碰撞与干涉，能够对加工过程中出现的异常情况立即作出相应的正确处理措施，并独立排除异常情况 6分：无加工碰撞与干涉，能够对加工过程中出现的异常情况做出相应的正确处理措施 4分：无加工碰撞与干涉，但不能处理加工中的异常情况 2分：加工出现碰撞或者干涉					
加工结果	8分：能够独立使用正确的测量工具和正确的方法，检测零件加工质量且测量结果完全达到图纸要求 6分：能够以合作方式使用正确的测量工具和正确的方法，检测零件加工质量且测量结果完全达到图纸要求 4分：能够以合作方式使用正确的测量工具和正确的方法检测零件加工质量，但检测结果有1～2项超差 2分：能够以合作方式使用正确的测量工具和方法检测零件加工质量，但检测结果有2项以上超差					

学习情境			任务 1		
班　级		姓　名		学　号	
评价方式：教师评价					

评价项目	评价标准	评价结果			
		12	9	6	3
安全意识	8 分：遵守安全生产规程，按规定劳保用品穿戴整齐完整	8		3	
	3 分：存在违规操作或者存在安全生产隐患				
学习与工作报告	8 分：按时、按要求完成学习与工作报告，能够发现自己的缺陷并提出解决的措施，书写工整				
	6 分：按时、按要求完成学习与工作报告，书写工整				
	4 分：推迟完成学习与工作报告，书写工整				
	2 分：推迟完成学习与工作报告，书写不工整	8	6	4	2
日常作业测验口试	8 分：无迟到、早退、旷课现象，按时、正确完成作业，回答问题流利正确				
	6 分：无迟到、早退、旷课现象，按时、基本正确完成作业，回答问题基本正确				
	4 分：无旷课现象，能完成作业				
	2 分：缺作业且出勤较差				
综合评价结果					

3.1.3　知识链接

1. 尺寸链图表

工艺尺寸链图解追踪法的基本方法如下：

(1) 绘制尺寸跟踪图

① 在图表上方画出零件简图（当零件为对称形状时，可以只画出它的一半），并标出与工艺尺寸链计算有关的设计尺寸。

② 按加工顺序自上而下地填入工序号和工序名称。从零件简图中各端面向下画出指引线至加工区域（这些指引线代表了在不同加工阶段中有余量区别的不同加工表面），并用规定的符号标出工序基准（定位基准或测量基准）、加工余量、工序尺寸及结果尺寸（即设计尺寸）

工序尺寸箭头指向加工后的已加工表面，用余量符号隔开的上方竖线为该次加工前的待加工面，余量符号按入体原则标注。应注意，同一工序内的所有工序尺寸，要按加工或尺寸调整的先后顺序依次列出；与确定工序尺寸无关的粗加工余量，一般不必标出（这是因为总余量通常由查表确定，毛坯尺寸也就相应确定了）。

③ 为便于计算，应将有关设计尺寸换算成平均尺寸和双向对称偏差的形式标于结果尺寸栏内。

④ 用查表法或经验估计法确定各工序公称余量并填入表中。

（2）用追踪法查找工艺过程全部尺寸链

在一般情况下,设计尺寸和加工余量是工艺尺寸链的封闭环,所以查找工艺尺寸链就是要找出以所有设计尺寸或加工余量为封闭环的尺寸链。查找的方法可采用追踪法,即从结果尺寸或加工余量符号的两端出发,沿着零件表面引线同时垂直向上跟踪,当追踪线遇到尺寸箭头时,说明与该工序尺寸有关,追踪线就顺着箭头拐入,沿该工序尺寸线经另一端拐出继续往上追踪,若遇到圆点,不要拐入,仍顺引线往上找,直至两路追踪线在加工区内会合时。当两端的追踪线相会合时,说明尺寸链已封闭,即与该封闭环有关的组成环(追踪路径所经过的工序尺寸)已全部找到,追踪到此结束。

（3）计算工序尺寸、公差及余量

在具体求解尺寸链之前,应首先确定先解哪个尺寸链。一般原则是：首先解结果尺寸链,使解出的工序尺寸能满足零件的设计要求；再解以精加工余量为封闭环的余量尺寸链,以保证加工余量不致过小或过大。在解结果尺寸链时,如果有一个(或数个)作为组成环的工序尺寸是几个尺寸链的公共环,则应首先解设计要求较高、组成环数较多的尺寸链,然后再解其他结果尺寸链。按这样的步骤求解工序尺寸公差,可比较容易保证零件的所有设计要求都能被满足,避免不必要的返工。

2. 钻削加工

钻削加工是用钻头在实体工件上加工孔的一种加工方法。在钻床上加工时,工件固定不动,刀具做旋转运动(主运动)的同时沿轴向移动(进给运动)。

（1）钻削的特点与应用

① 钻削加工的工艺特点

➤ 钻头在半封闭的状态下进行切削时,切削量大,排屑困难。

➤ 摩擦严重,产生热量多,散热困难。

➤ 转速高、切削温度高,致使钻头磨损严重。

➤ 挤压严重,所需切削力大,容易产生孔壁的冷作硬化。

➤ 钻头细而悬伸长,加工时容易产生弯曲和振动。

➤ 钻孔精度低,尺寸精度为 IT13~IT12,表面粗糙度 Ra 为 12.5~6.3 μm。

② 钻削加工的工艺范围

钻削加工的工艺范围较广,在钻床上采用不同的刀具,可以完成钻中心孔、钻孔、扩孔、铰孔、攻螺纹、锪孔和锪平面等,如图 3-2 所示。在钻床上钻孔精度低,但也可通过钻孔—扩孔—铰孔加工出精度要求很高的孔(尺寸精度为 IT6~IT8,表面粗糙度为 1.6~0.4 μm),还可以利用夹具加工有位置要求的孔系。

（2）钻　床

钻床的主要类型有台式钻床、立式钻床、摇臂钻床以及专门化钻床等。

1）立式钻床

立式钻床又分为圆柱立式钻床、方柱立式钻床和可调多轴立式钻床三个系列。图 3-3 所示为一方柱立式钻床,其主轴是垂直布置的,在水平方向上的位置固定不动,必须通过工件的移动,找正被加工孔的位置。立式钻床生产率不高,大多用于单件小批量生产加工中小型工件。

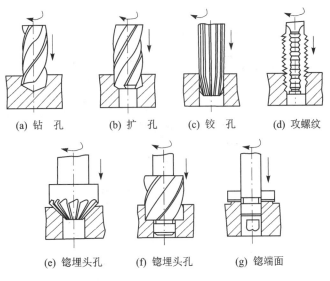

(a) 钻　孔　　　(b) 扩　孔　　　(c) 铰　孔　　　(d) 攻螺纹

(e) 锪埋头孔　　　(f) 锪埋头孔　　　(g) 锪端面

图 3 - 2　钻削加工的工艺范围

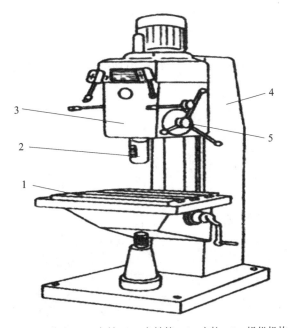

1—工作台；2—主轴；3—主轴箱；4—立柱；5—操纵机构

图 3 - 3　立式钻床

2）摇臂钻床

在大型工件上钻孔，希望工件不动，钻床主轴能任意调整其位置，这就需用摇臂钻床。如图 3 - 4 所示是摇臂钻床的外形图。摇臂钻床广泛用于大、中型工件的加工中。

（3）钻孔加工

钻削加工使用的钻头是定尺寸刀具，按其结构特点和用途可分为扁钻、麻花钻、深孔钻和中心钻等。钻孔直径为 0.1～100 mm，钻孔深度变化范围也很大。

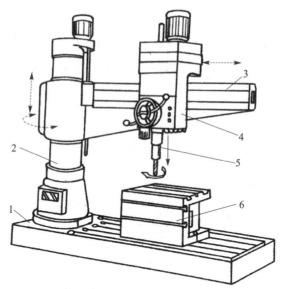

1—底座；2—立柱；3—摇臂；4—主轴箱；5—主轴；6—工作台

图 3-4　摇臂钻床

1）麻花钻

麻花钻的组成：标准麻花钻如图 3-5 所示，由柄部、颈部和工作部分等组成。

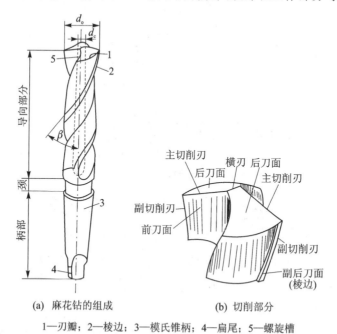

(a) 麻花钻的组成　　　　(b) 切削部分

1—刃瓣；2—棱边；3—模氏锥柄；4—扁尾；5—螺旋槽

图 3-5　麻花钻的组成

➢ **柄部**　柄部是钻头的夹持部分，钻孔时用于传递转矩。

➢ **颈部**　麻花钻的颈部凹槽是磨削钻头柄部时的砂轮退刀槽，槽底通常刻有钻头的规格及厂标。

➤ 工作部分　麻花钻的工作部分是钻头的主要部分,由切削部分和导向部分组成。

➤ 切削部分　担负着切削工作,由两个前面、主后面、副后面、主切削刃、副切削刃及一个横刃组成。

➤ 导向部分　当切削部分切入工件后起导向作用,也是切削部分的备磨部分。

2)麻花钻钻孔的方法

找正和引导方式:单件小批,按画线位置钻孔;批量生产,采用专用钻床夹具利用钻套引导。

钻深孔:当孔的深度超过孔径三倍时,钻孔时要经常退出钻头及时排屑和冷却。

在硬材料上钻孔:钻孔速度不能过高,手动进给量要均匀,特别是孔将要钻透时,应注意适当降低速度和进给量。

钻削较大的孔:当钻孔直径较大(通常大于 30 mm)时,应分两次钻削。

钻高塑性材料上的孔:在塑性好、韧性高的材料上钻孔时,断屑常成为影响加工的突出问题。可通过降低切削速度、提高进给量及时退出钻头排屑和冷却等措施加以改善。

在斜面上钻孔:易使钻头引偏,造成孔轴线歪斜。可先锪出平面后再进行钻孔,或采用特殊钻套来引导钻头。

(4)钻床夹具

在钻床上进行孔的钻、扩、铰、锪及攻螺纹时用的夹具,称为钻床夹具,俗称钻模。钻模上均设置钻套和钻模板,用以导引刀具。钻模主要用于加工中等精度、尺寸较小的孔或孔系。使用钻模可提高孔及孔系间的位置精度,其结构简单,制造方便,因此钻模在各类机床夹具中占的比重最大。

钻模的种类繁多,按钻模在机床上的安装方式可分为固定式和非固定式两类;按钻模的结构特点可分为普通式、分度式、盖板式、翻转式、滑柱式以及斜孔式等。

1)普通钻模

结构上除设置钻套和钻模板之外,没有其他独特特点的钻模,称为普通钻模。按在机床上的安装方式,普通钻模又可分为固定式和非固定式两种。

① 非固定式普通钻模。在立式钻床上加工直径小于 10 mm 的小孔或孔系、钻模质量小于 15 kg 时,由于钻削扭矩较小,加工时人力可以扶得住它,因此钻模不需要固定在钻床上。这类可以自由移动的钻模,称非固定式钻模。若结构上无独特的特点,则称为非固定式普通钻模,这类钻模应用最广。

② 固定式普通钻模。在立式钻床上加工直径大于 10 mm 的单孔或在摇臂钻床上加工较大的平行孔系,或钻模质量超过 15 kg 时,因钻削扭矩较大及人力移动费力,故钻模需要固定在钻床上。这种加工一批工件时位置固定不动的钻模,称为固定式钻模。若在结构上无独特的特点,则称为固定式普通钻模。

在立式钻床上安装固定式钻模时,先将装在主轴上的刀具或心轴伸入钻套中,使钻模处于正确位置,然后将其紧固。因此,这类钻模加工精度较高。

图 3-6 为摇臂工序图,毛坯为锻件,$\phi25H7$ 孔及其两端面、$\phi16$ mm 锥孔及其两端面均已加工,本工序是在立式钻床上钻削 $\phi12$ mm 的锁紧孔。加工孔的位置精度要求不高,故位置尺寸未标注公差。

图 3-7 为钻摇臂锁紧孔的固定式普通钻模。工件以一面两孔在定位心轴 6、定位板 8 及

菱形销 2 上定位。由于两定位孔中心距未注公差,菱形销 2 可在夹具体的长孔内作一定的调整,以保证每批工件都能顺利装夹。

逆时针转动夹紧手柄 3,通过端面凸轮 5 使夹紧杆 7 向左移动,推动转动垫圈 4,将工件夹紧。钻套 9 安装在钻模板 10 上,可确定刀具相对夹具的位置。由于夹具体的形状较复杂,故采用铸造夹具体。夹具体上设置耳座,底部四边铸出凸边。

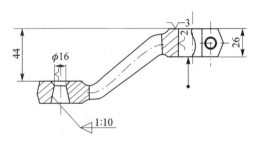

图 3-6 摇臂工序图

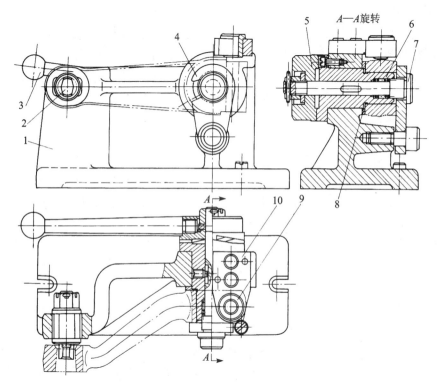

1—夹具体;2—菱形销;3—夹紧手柄;4—转动垫圈;5—端面凸轮;
6—定位心轴;7—夹紧杆;8—定位板;9—钻套;10—钻模板

图 3-7 钻摇臂锁紧孔的固定式普通钻模

2) 钻 套

钻套是钻模上特有的元件,用来引导刀具以保证被加工孔的位置精度和提高工艺系统的刚度。

① 钻套类型。钻套可分为标准钻套和特殊钻套两大类。

已列入国家标准的钻套称为标准钻套。其结构参数、材料、热处理等可查"夹具标准"或"夹具手册"。

标准钻套如图 3-8 所示。标准钻套又分为固定钻套、可换钻套和快换钻套 3 种。

固定钻套(GB/T2263—91)如图 3-8(a)、(b)所示,分 A、B 型两种。钻套安装在钻模板或夹具体中,其采用 H76 或 H7/k6 配合。固定钻套结构简单,钻孔精度高,适用于单一钻孔工序和小批生产,在图 3 - 7 所示的钻模上就采用的这种钻套。

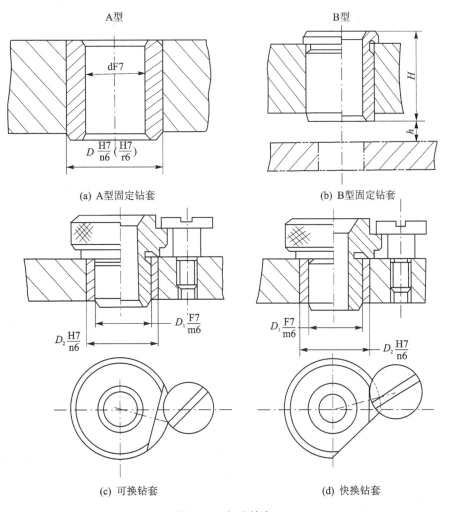

A型

B型

(a) A型固定钻套

(b) B型固定钻套

(c) 可换钻套

(d) 快换钻套

图 3 - 8   标准钻套

可换钻套(GB/T2264—91)如图 3 - 8(c)所示。当工件为单一钻孔工步、大批量生产时,为便于更换磨损的钻套,选用可换钻套。钻套与衬套(GB/T6623—91)之间采用 F7/m6 或 F7/k6 配合,衬套与钻模板之间采用 H7/n6 配合。当钻套磨损后,可卸下螺钉(GB/T2268—91),更换新的钻套。螺钉能防止钻套加工时转动及退刀时脱出。

快换钻套(GB/T2265—91)如图 3 - 8(d)所示。当工件需经钻、扩、铰多工步加工时,为能快速更换不同孔径的钻套,应选用快换钻套。更换钻套时,将钻套缺口转至螺钉处,即可取出钻套。削边的方向应考虑刀具的旋向,以免钻套自动脱出。

因工件的形状或被加工孔的位置需要而不能使用标准钻套时,需自行设计的钻套称特殊钻套。常见的特殊钻套如图 3 - 9 所示。图 3 - 9(a)所示为加长钻套,在加工凹面上的孔时使用。为减小刀具与钻套的摩擦,可将钻套引导高度 H 以上的孔径放大。图 3 - 9(b)所示为斜面钻套,用于在斜面或圆弧面上钻孔,排屑空间的高度 $h < 0.5$ mm,可增加钻头刚度,避免钻头引偏或折断。

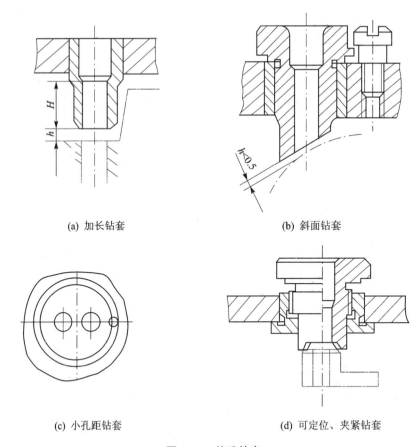

(a) 加长钻套　　　　　　　　　　(b) 斜面钻套

(c) 小孔距钻套　　　　　　　　　(d) 可定位、夹紧钻套

图 3 - 9　特殊钻套

图 3 - 9(c)所示为小孔距钻套,用定位销确定钻套方向。图 3 - 9(d)所示为兼有定位与夹紧功能的钻套,钻套与衬套之间一段为圆柱间隙配合,一段为螺纹连接,钻套下端为内锥面,具有对工件定位、夹紧和引导刀具 3 种功能。

② 钻套的尺寸、公差及材料。一般钻套导向孔的基本尺寸取刀具的最大极限尺寸,钻孔时其公差取 F7 或 F8,粗铰孔时公差取 G7,精铰孔时公差取 G6。若被加工孔为基准孔(如 H7、H9),则钻套导向孔的基本尺寸可取被加工孔的基本尺寸,钻孔时其公差取 F7 或 F8,铰 H7 孔时取 F7,铰 H9 孔时取 E7。若刀具用圆柱部分导向(如接长的扩孔钻、铰刀等),则可采用配合 H7/g6 、H7/f6。

若钻套的高度增加,则导向性能好,刀具刚度提高,加工精度高,但钻套与刀具的磨损加剧。一般情况下,当加工孔深度尺寸小于孔的直径尺寸时,取 $H=(0.5\sim1.8)d$;当加工孔的深度尺寸大于 2 倍孔的直径尺寸时,取 $H=(1.2\sim2.5)d$。

排屑空间 h 指钻套底部与工件表面之间的空间。增加 h 值,可使排屑方便,但刀具的刚度和孔的加工精度都会降低。钻削易排屑的铸铁时,常取 $h=(0.3\sim0.7)d$;钻削较难排屑的钢件时,常取 $h=(0.7\sim1.5)d$;工件精度要求高时,可取 $h=0$,使切屑全部从钻套中排出。

3)钻模板

钻模板用于安装钻套,并确保钻套在钻模上的正确位置。常见的钻模板有以下几种。

① 固定式钻模板。固定在夹具体上的钻模板称为固定式钻模板。图 3 - 10(a)所示为钻

模板与夹具体铸成一体;图 3 - 10(b)所示为两者焊接成一体;图 3 - 10(c)所示为用螺钉和销钉连接的钻模板,这种钻模板可在装配时调整位置,因而使用较广泛。固定式钻模板结构简单、钻孔精度高。

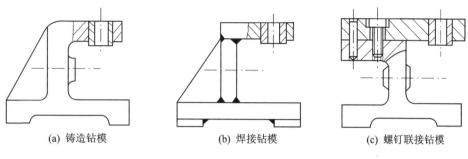

(a) 铸造钻模 　　　　　 (b) 焊接钻模 　　　　　 (c) 螺钉联接钻模

图 3 - 10　固定式钻模板

② 铰链式钻模板。当钻模板妨碍工件装卸或钻孔后需攻螺纹时,可采用如图 3 - 11 所示的铰链式钻模板。铰链销 1 与钻模板 5 的销孔采用酱配合,与铰链座 3 的销孔采用卷配合。钻模板 5 与铰链座 3 之间采用 N7/h6 配合。钻套导向孔与夹具安装面的垂直度可通过调整两个支承钉 4 的高度加以保证。加工时,钻模板 5 由菱形螺母 6 锁紧。由于铰链销孔之间存在配合间隙,用此类钻模板加工的工件精度比固定式钻模板低。

③ 可卸式钻模板。在图 3 - 12 所示的气动可调式钻模上,采用了可卸钻模板 3。工件先在可更换预定位元件(定位板 4)上预定位,可卸钻模板 3 与工件止口配合实现 5 点定位,夹紧气缸 6 的活塞杆(夹紧拉杆 1),可调整钻模板的位置。

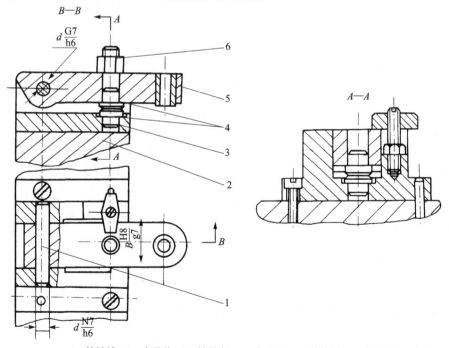

1—铰链销;2—夹具体;3—铰链座;4—支承钉;5—钻模板;6—菱形螺母

图 3 - 11　铰链式钻模板

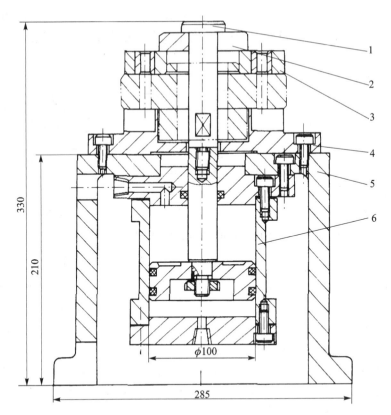

1—夹紧拉杆；2—开口垫圈；3—可卸钻模板；4—定位板；5—夹具体；6—夹紧气缸

图 3-12　带可卸式钻模板的可调整钻模

4）钻模的其他类型

① 盖板式钻模。图 3-13 所示为主轴箱七孔盖板式钻模，右边为工序简图。需加工的是两个大孔周围的七个螺纹底孔，工件的其他表面均已加工完毕。以工件上两个大孔及其端面作为定位基面，在钻模板的圆柱销 2、菱形销 6 及四个定位支承钉 1 组成的平面上定位。钻模板在工件上定位后，旋转螺杆 5 推动钢球 4 向下，钢球同时使三个柱塞 3 外移，将钻模板夹紧在工件上。该夹紧机构称内涨器(GB/T2217—91)。

盖板式钻模的特点是定位元件、夹紧装置及钻套均设在钻模板上，钻模板在工件上装夹。它常用于床身、箱体等大型工件上的小孔加工，也可用于在中、小工件上钻孔。加工小孔的盖板式钻模，因钻削力矩小，可不设置夹紧装置。

此类钻模结构简单、制造方便、成本低廉、加工孔的位置精度较高，在单件、小批生产中也可使用，因此应用很广。

② 翻转式钻模。图 3-14 所示为加工螺塞上 3 个轴向孔和 3 个径向孔的翻转式钻模。工件以螺纹大径及台阶面在夹具体 1 上定位，用两个钩形压板 3 压紧工件，夹具体 1 的外形为六角形，工件一次装夹后，可完成六个孔的加工。

翻转式钻模主要用于加工小型工件不同表面上的孔。它的结构比回转分度式钻模简单，适合于中、小批量工件的加工。由于加工时钻模需在工作台上翻转，因此夹具的质量不宜过大，一般应小于 10 kg。

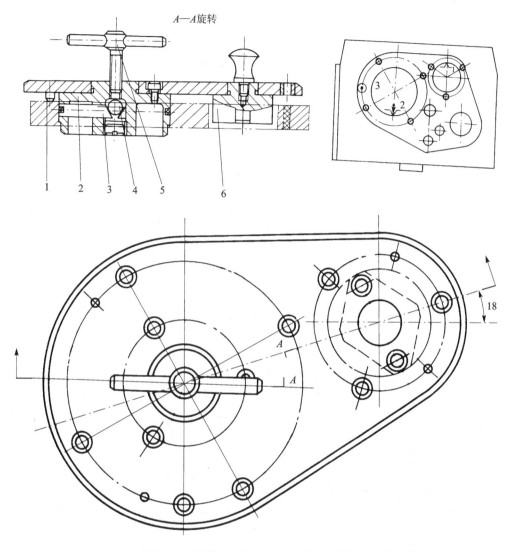

1—支承钉；2—圆柱销；3—柱塞；4—钢球；5—螺杆；6—菱形销

图 3 - 13　主轴箱七孔盖板式钻模

③ 滑柱式钻模。滑柱式钻模是带有升降钻模板的通用可调夹具。图 3 - 15 所示为手动双滑柱式钻模的通用结构。

钻模板 1 套装在两个滑柱 2 及齿条柱 3 上，用螺母紧固。滑柱装在夹具体 4 的导向孔中，转动手柄 7 时，齿轮轴 6 上螺旋角为 45°的螺旋齿轮传动齿条柱 3，带动钻模板 1 上、下移动。齿轮轴 6 的一端制成双向锥体，锥度为 1∶15，与夹具体 4 及套环 5 的锥孔配合。当钻模板下降而夹紧工件时，齿轮轴受轴向分力的作用，使锥体楔紧在夹具体的锥孔中。由于锥角小，具有自锁性能，加工过程中不会松夹。加工结束，钻模板升到最高处时，可使另一段锥面楔紧在套环 5 的锥孔中。由于自锁作用，在装卸工件时，钻模板不会因自身质量而下降。滑柱式钻模的平台上可根据需要安装定位装置，钻模板上可设置钻套、夹紧元件及定位元件等。滑柱式钻模的结构尺寸，可查阅"夹具手册"。

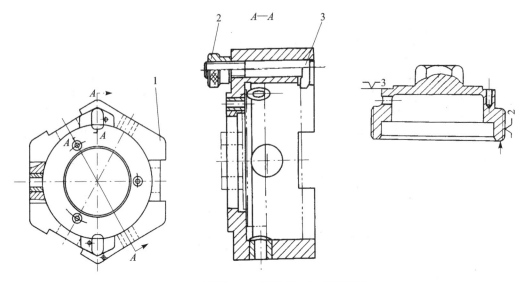

1—夹具体；2—夹紧螺母；3—钩形压板

图 3-14 螺塞上钻六孔翻转式钻模

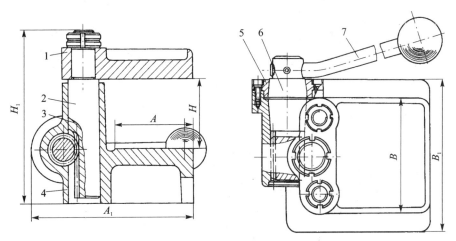

1—钻模板；2—滑柱；3—齿条柱；4—夹具体；5—套环；6—齿轮轴；7—手柄

图 3-15 双滑柱钻模

图 3-16 所示为滑柱钻模的应用实例,可用它加工杠杆类零件上的孔。工序简图如右下方所示。孔的两端面已经加工,工件在支承 1 的平面、定心夹紧套 3 的三锥爪和防转定位支架 2 的槽中定位。钻模板下降时,通过定心夹紧套 3 使工件定心夹紧。支承 1 上的三锥爪仅起预定位作用。在图 3-16 中,件 1～4 为专用件,其他均为通用件。滑柱式钻模操作方便、迅速,其通用结构已标准化、系列化,可向专业厂购买。使用部门仅需设计定位、夹紧和导向元件即可,从而可缩短设计制造周期。但滑柱与导向孔之间的配合间隙会影响加工孔的位置精度。夹紧工件时,钻模板上将承受夹紧反力。为避免钻模板变形而影响加工精度,钻模板应有一定的厚度,并设置加强肋,以增加刚度。滑柱式钻模适用于钻铰中等精度的孔和孔系。

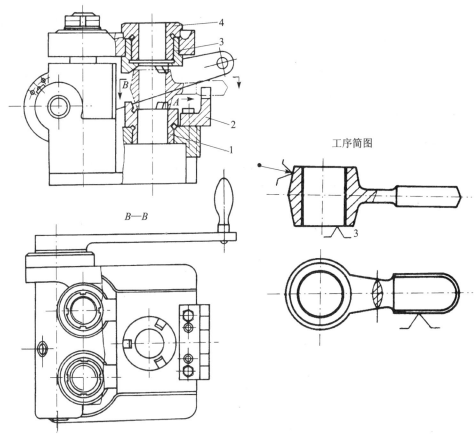

1—支承；2—防转定位支架；3—定心夹紧套；4—钻套

图 3 - 16　加工杠杆类零件的滑柱钻模

3.1.4　学与练　调节盘工艺规程制订

1. 零件的工艺分析

由图 3 - 1 可以看出,直径为 $\phi 187^{-0.015}_{-0.044}$ mm 的外圆表面以及球面 $S\phi\, 60^{0}_{-0.019}$ mm 为 6 级精度,尺寸精度要求较高,球面表面粗糙度要求小,并且与外圆存在 $\phi 0.06$ mm 的同轴度要求,此为加工的重点。中间阶梯孔尺寸精度要求不高,$6 - \phi 6^{+0.12}_{0}$ mm 的小孔为 7 级精度,并且有位置度要求。根据以上对各结构技术要求的分析,决定采用粗车、半精车、磨削对高精度外圆表面进行加工。阶梯内孔粗车即可。高精度小孔采用钻、铰的方法加工。

2. 选择毛坯

此零件的整体结构复杂,两端直径相差较大。根据其结构特点拟选用锻造毛坯,为减少后期加工余量,提高加工效率,降低成本,零件中间部位的阶梯孔可在锻造毛坯时锻出预孔,预孔直径为 $\phi 30$ mm。

3. 拟定工艺过程

各表面之间的加工顺序:根据基准先行原则,先加工 ϕ187 mm 外圆,为后续加工提供基准。再以外圆为基准加工阶梯内孔。

根据先主后次的原则,次要表面退刀槽、小孔安排在外圆表面半精加工之后完成。

锻造之后热处理方式为正火,安排在粗加工之前。

根据对零件技术要求的分析,毛坯的种类以及生产批量,按照工序集中的原则,拟定调节盘的加工工艺路线(见表 3－12)。

表 3－12　调节盘的加工工艺路线

工序号	工序名称	工序内容	工艺装备
1	锻	锻造毛坯(毛坯锻出中间孔)	
2	热处理	正火	
3	车	内孔装夹,粗车外圆、端面	CA6140
4	车	外圆装夹,车内孔、孔口倒角	CA6140
5	车	内孔装夹,半精车外圆、退刀槽、倒角	CA6140
6	钳	画线	
7	钳	钻 4－ϕ11 mm	Z118
8	钳	钻、铰 6－ϕ6 mm	Z118
9	钳	钻 4－ϕ7 mm、锪沉孔钻 ϕ12 mm×90°	Z118
10	磨	磨大端外圆	外圆磨床
11	表面处理	电镀球面	
12	检	检验入库	

练一练

完成工艺过程卡和第 3 工序及第 5 工序的工序卡。

3.2　任务 2

3.2.1　任务 2　工作任务书

(1)零件图纸

零件图纸:轴承端盖。

学习情境 3 任务 2 零件图:如图 3－17 所示。

(2)工作任务描述

➤ 工作任务 2:轴承端盖的工艺制订。

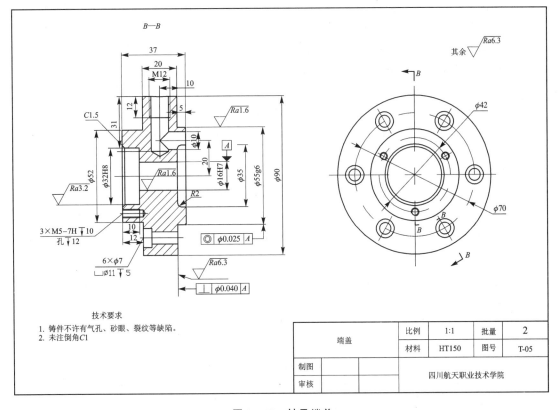

图 3 - 17   轴承端盖

➤ 拟加工如图 3 - 17 所示的轴承端盖,设计其加工工艺,填写相关的工艺文件,然后利用相关设备加工出合格零件。从零件工艺制订所需要的背景知识、工作过程、机床操作等方面按照企业工作流程和工作标准使学生逐渐从零件工艺制订的初学者到熟练者。

➤ 操作要求:独立完成零件的车、钻、铰及磨削等工序并达到精度要求。

➤ 零件材料:HT150。

➤ 批量要求:大批量生产。

完成本任务学时建议 6 学时。

3.2.2   任务 2   工作页

工作任务 2:轴承端盖的工艺制订。

1. 学习目标

通过本任务的学习,应该能够:

① 选择合适的信息渠道收集所需的专业信息。

② 独立通过查阅《机械加工工艺手册》,确定轴承端盖的毛坯种类、形状和尺寸。

③ 根据所学的机械设计等相关知识,通过图纸分析轴承端盖类零件的功能及结构特点、主要技术要求、加工难点,指出哪些是关键尺寸,哪些是重要尺寸等。

④ 阅读工作任务书,通过查阅技术与工艺手册,分析零件图纸,以合作的方式编制待加工零件的加工工艺,填写工艺文件。

⑤ 根据零件加工工艺选择合适的车床、钻床及相应的刀具、夹具和量具。

⑥ 在教师的引导下独立完成内外圆的加工,并控制加工质量。

⑦ 在教师的引导下独立完成孔系的加工,对高精度孔采用铰削加工,并控制加工质量。

⑧ 通过仔细观摩教师的内圆磨削加工示范,初步了解内圆磨削的加工工艺。

⑨ 检测加工质量,分析出现此种加工结果的原因(重点是钻削加工),找出提高加工质量、降低加工成本的途径与方法。

2. 背景材料

本零件考察的重点为盘类零件上精度要求较高的孔系的加工。

盘类零件通常在同一平面内分布着孔距和位置精度要求较严格的孔系。它们不仅有较高的尺寸和形状精度要求,而且相互之间有着较严格的位置精度要求。所以很适合采用铰削加工,除此之外,有些也采用内圆磨削加工技术。

铰孔以前的预制孔可以是铸孔,也可以是初钻后的孔。

3. 工作过程

① 阅读任务书,分析待加工轴承端盖的结构和技术要求,并将分析结果分别填入表 3-13 和表 3-14 中。

表 3-13　轴承端盖的结构分析

几何结构要素	整体结构特征	结构工艺评价

表 3-14　轴承端盖的技术要求分析

几何要素	尺寸及公差	位置公差	表面粗糙度

② 通过对零件进行结构分析,指出其加工难点是什么?哪些内容可能会产生不合格件?如何解决?将难点和解决措施填入表 3-15 中。

表 3-15　加工难点和解决措施

序　号	加工难点	解决措施
1		
2		
⋮		
n		

③ 准备好刀具、夹具、量具、材料、辅料。

④ 确定零件的加工方案。每个人都制订 2 个及以上加工方案,然后小组讨论每个加工方案,并将各个方案的分析比较填入表 3-16 中。

方案 1:请自主设计一张表格来表述加工方案 1;

方案 2:请自主设计一张表格来表述加工方案 2。

表 3-16　各种方案比较

方　案	优　点	缺　点
方案 1		
方案 2		
⋮		
方案 n		

⑤ 小组汇报。汇报本小组轴承端盖零件的加工工艺方案与步骤。

每个小组将组内每个成员的工艺方案经讨论汇总,得出本小组的多个方案,由小组成员的一位代表在全班进行汇报。

⑥ 将多个方案在进行反复比较与论证的基础上,确定一个最优化的工艺方案。

提示:确定最优化的方案要考虑的主要问题有:

➤ 工艺方案的可行性。

➤ 加工成本(经济性)。

➤ 满足技术要求的可能性。

➤ 机床、刀具、夹具等的现状。

⑦ 综合前述的结果,规划加工工艺。将规划的每个工序的工序图绘制出来。

⑧ 制订所要加工的加工工艺,填写相应的工艺文件(见表 3-17)。

➤ 选择毛坯。应该选择何种毛坯?尺寸多大(留出适量的加工余量)?

➤ 制订加工工序,并填写工序卡(见表 3-18)。

➤ 选择加工机床。根据零件的加工要求,选择合适的加工机床。

- 确定装夹方式。正确选择工件的装夹方式。
- 选择合适的刀具。
- 选择、计算切削参数。

表 3-17　机械加工工艺过程卡片

机械加工工艺过程卡片		产品型号		零(部)件图号				
		产品名称		零(部)件名称		共( )页	第( )页	
材料牌号	毛坯种类	毛坯外形尺寸		每个毛坯订制件数		每台件数	备注	

工序号	工序名称	工序内容	车间	工段	设备	工序装备	工时	
							准终	单件

描 图	
描 校	
底图号	
装订号	

| | 设计(日期) | 审核(日期) | 标准化(日期) | 会签(日期) |
| 标记 | 处数 | 更改文件号 | 签字 | 日期 | 标记 | 处数 | 更改文件号 | 签字 | 日期 | | | |

表 3-18　机械加工工序卡片

工厂	机械加工工序卡片	产品名称及型号	零件名称	零件图号	工序名称	工序号	第( )页
							共( )页
		车 间	工 段	材料名称	材料牌号	力学性能	
		同时加工工件数	每料件数	技术等级	单件时间/min	准-终时间/min	
		设备名称	设备编号	夹具名称	夹具编号	切削液	

工步号	工步内容	进给次数	切削用量			时间定额/min		工艺装备			
			切削深度/mm	进给量/(mm·r⁻¹)	切削速度/(m·min⁻¹)	基本时间	辅助时间	名称	规格	编号	数量

| 编制 | | 抄写 | | 校对 | | 审核 | | 批准 | |

⑨ 总结零件图中几种高精度孔的加工方法。主要包括：加工方法选择、加工顺序安排、工装夹具选择。

⑩ 按照相应的工艺文件加工零件：

> 与铸造车间师傅共同完成零件的铸造及热处理。

> 车削外圆和端面(注意定位基准的选择)。

> 钻小直径孔(注意定位基准的选择)。

> 精铰中心孔(注意定位基准的选择)。

> 磨内圆(注意定位基准的选择)。

> 扩、铰各沉孔(注意定位基准的选择)。

> 各处螺纹孔攻丝(注意定位基准的选择和精度要求)。

> 清洗、去毛刺、倒角。

> 检验。

> 维护机床。

⑪ 对照该零件的图纸,将检测的尺寸公差、形状公差、位置公差、技术要求等检测结果填入表 3-19 中。

表 3-19　轴承端盖加工结果检测表

序　号	检测项目	图纸要求	实 际 检 测 结 果	备　注
1				
2				
3				
⋮				
n				

⑫ 在加工质量检测的基础上分小组讨论。与图纸要求相比,哪些不能满足要求? 哪些超过技术要求? 原因是什么? 将讨论结果填入表 3-20 加工质量分析表中。

表 3-20　加工质量分析表

序　号	不合格项目	质量优良项目	原　因
1			
2			
3			
⋮			
n			

⑬ 评价。按评价表的评价项目、评价标准和评价方式,对完成本学习与工作任务的过程与结果进行评价。

3.2.3　知识链接

1. 铰(扩)孔加工

（1）扩　孔

扩孔常用于对已铸出、锻出或钻出孔的扩大。扩孔可作为铰孔、磨孔前的预加工,也可作为精度要求不高的孔的最终加工。扩孔比钻孔的质量好,生产效率高。扩孔对铸孔、钻孔等预加工孔的轴线的偏斜,有一定的校正作用。扩孔精度一般为 IT10 左右,表面粗糙度 Ra 值可达 $6.3\sim3.2\ \mu m$。

（2）铰　孔

铰孔是利用铰刀从工件孔壁切除微量金属层,以提高其尺寸精度和减小表面粗糙度值的方法。它适用于孔的半精加工及精加工,也可用于磨孔或研孔前的预加工。铰孔精度一般为 IT9～IT7,表面粗糙度 Ra 值为 $3.2\sim1.6\ \mu m$,精细铰尺寸公差等级最高可达 IT6,表面粗糙度 Ra 值为 $1.6\sim0.4\ \mu m$。

（3）铰　刀

铰刀具有一个或者多个刀齿,用于切除孔已加工表面薄金属层的旋转刀具。经过绞刀加工后的孔可以获得精确的尺寸和形状,如图 3-18 所示。

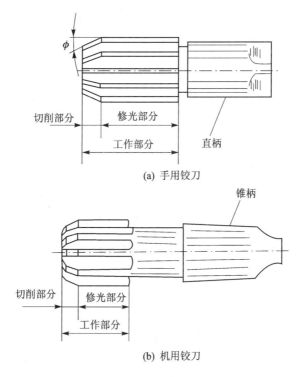

图 3-18　铰　刀

铰刀用于铰削工件上已钻削(或扩孔)加工后的孔,主要是为了提高孔的加工精度,降低其表面的粗糙度,是用于孔的精加工和半精加工的刀具,加工余量一般很小。

用来加工圆柱形孔的铰刀比较常用,用来加工锥形孔的铰刀是锥形铰刀比较少用。按使用情况有手用铰刀和机用铰刀之分,机用铰刀又可分为直柄铰刀和锥柄铰刀;手用铰刀则是直柄型的。

铰刀结构大部分由工作部分及柄部组成。工作部分主要起切削和校准功能,校准处直径有倒锥度。而柄部则用于被夹具夹持,有直柄和锥柄之分。

按不同的用途铰刀可分许多种,因此关于铰刀的标准也比较多,较常用的一些标准有GB/T 1131 手用铰刀,GB/T 1132 直柄机用铰刀,GB/T 1139 直柄莫氏圆锥铰刀等。

铰刀的容屑槽方向有直槽和螺旋槽。常用的材质为高速钢、硬质合金镶片。

手用铰刀一般材质为合金工具钢(9SiCr),机用铰刀材料为高速钢(HSS)。

铰刀精度有 D4,H7,H8,H9 等精度等级。按铰孔的形状分圆柱形、圆锥形和阶梯形 3 种。安装夹方法分带柄式和套装式 2 种。

手工铰孔一般注意事项有:

① 工件要夹正。

② 铰削过程中,两手用力要平衡。

③ 铰刀退出时,不能反转,因铰刀有后角,铰刀反转会使切屑塞在铰刀刀齿后面和孔壁之间,将孔壁划伤;同时铰刀易磨损。

④ 铰刀使用完毕,要清擦干净,涂上机油,装盒以免碰伤刃口。

机铰时注意铰削速度和走刀量(查金属切削手册)

铰削中,必须采用合理的冷却润滑液。

2. 内圆磨削

内圆表面的磨削可以在内圆磨床上进行,也可以在万能外圆磨床上进行。内圆磨床的主要类型有普通内圆磨床、无心内圆磨床和行星内圆磨床。不同类型的内圆磨床其磨削方法是不相同的。

(1)内圆磨削方法

1)普通内圆磨床的磨削方法

普通内圆磨床是生产中应用最广的一种,如图 3-19 所示为普通内圆磨床的磨削方法。磨削时,根据工件的形状和尺寸不同,可采用纵磨法(见图 3-19(a))、横磨法(见图 3-19(b)),有些普通内圆磨床上备有专门的端磨装置,可在一次装夹中磨削内孔和端面(见图 3-19(c)),这样不仅容易保证内孔和端面的垂直度,而且生产效率较高。

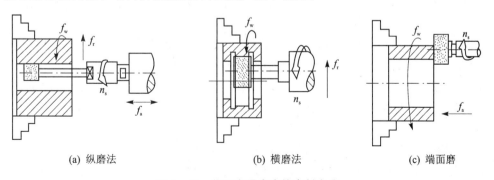

(a) 纵磨法　　　　　　　　(b) 横磨法　　　　　　　　(c) 端面磨

图 3-19　普通内圆磨床的磨削方法

如图 3-19(a)所示,纵磨法机床的运动有:砂轮的高速旋转运动做主运动 n_s,头架带动工件旋转作圆周进给运动 f_w,砂轮或工件沿其轴线往复作纵向进给运动 f_a,在每次(或几次)往复行程后,工件沿其径向作一次横向进给运动 f_r。这种磨削方法适用于形状规则、便于旋转的工件。

如图 3-19(b)所示,横磨法无须纵向进给运动 f_a。横磨法适用于磨削带有沟槽表面的孔。

2)无心内圆磨床磨削

图 3-20 所示为无心内圆磨床的磨削方法。磨削时,工件 4 支承在滚轮 1 和导轮 3 上,压紧轮 2 使工件紧靠在导轮 3 上,工件即由导轮 3 带动旋转,实现圆周进给运动 f_w。砂轮除了完成主运动 n_s 外,还作纵向进给运动 f_a 和周期性横向进给运动 f_r。加工结束时,压紧轮沿箭头 A 方向摆开,以便装卸工件。这种磨削方法适用于大批量生产中,外圆表面是已精加工的薄壁工件,如轴承套等。

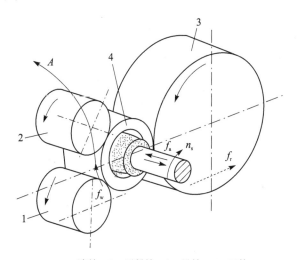

1—滚轮；2—压紧轮；3—导轮；4—工件

图 3-20 无心内圆磨床的磨削方法

(2)内圆磨削的工艺特点及应用范围

内圆磨削与外圆磨削相比,加工条件比较差,内圆磨削有以下一些特点:

① 砂轮直径受到被加工孔径的限制,直径较小,砂轮很容易磨钝,需要经常修整和更换,这增加了辅助时间,降低了生产率。

② 砂轮直径小,即使砂轮转速高达每分钟几万转,要达到砂轮圆周速度 25~30 m/s 也是十分困难的。由于磨削速度低,因此内圆磨削比外圆磨削效率低。

③ 砂轮轴的直径尺寸较小,而且悬伸较长,刚性差,磨削时容易发生弯曲和振动,从而影响加工精度和表面粗糙度。内圆磨削精度可达 IT8~IT6,表面粗糙度 Ra 值可达 0.8~0.2 μm。

④ 切削液不易进入磨削区,磨屑排除较外圆磨削困难。

虽然内圆磨削比外圆磨削加工条件差,但仍然是一种常用的精加工孔的方法,特别适用于淬硬的孔、断续表面的孔(带键槽或花键槽的孔)和长度较短的精密孔加工。磨孔不仅能保证孔本身的尺寸精度和表面质量,还能提高孔的位置精度和轴线的直线度。用同一砂轮,可以磨削不同直径的孔,灵活性大。内圆磨削可以磨削圆柱孔(通孔、盲孔、阶梯孔)、圆锥孔及孔端面等。

（3）普通内圆磨床

图 3-21 所示为普通内圆磨床外形图,它主要由床身 1、工作台 2、头架 3、砂轮架 4 和滑鞍 5 等组成。磨削时,砂轮轴的旋转为主运动,头架带动工件旋转运动为圆周进给运动,工作台带动头架完成纵向进给运动,横向进给运动由砂轮架沿滑鞍的横向移动来实现。磨锥孔时,需将头架转过相应角度。

普通内圆磨床的另一种形式为砂轮架安装在工作台上做纵向进给运动。

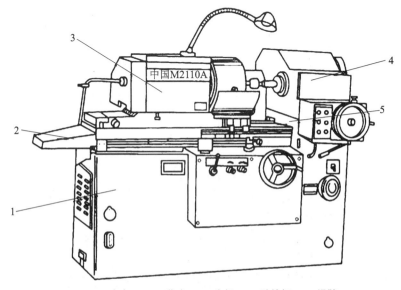

1—床身；2—工作台；3—头架；4—砂轮架；5—滑鞍

图 3-21　普通内圆磨床

3.2.4　学与练　轴承端盖工艺规程制订

1. 工艺分析

由图 3-17 可以看出,直径为 $\phi55g6$ mm 的外圆表面以及 $\phi16h7$ mm、$\phi32H8$ mm 的内孔表面尺寸精度要求较高,表面粗糙度要求小,并且存在 $\phi0.025$ mm 的同轴度要求,端面与内孔有垂直度要求,此为加工的重点。零件上还有一系列孔系。

2. 选择毛坯

此零件材料为 HT150,整体结构复杂,应选用铸造毛坯。

3. 拟定工艺过程

零件上 $\phi35$ mm 为不加工表面,应将其作为粗基准。为保证内外同轴度,粗加工阶段可以同时加工两处表面,精加工阶段采用互为基准的原则加工。

铸造之后热处理方式为时效,安排在粗加工之前。

根据对零件技术要求的分析,毛坯的种类以及生产批量,按照工序分散的原则,拟定出下列表 3-21 轴承端盖的加工工艺路线。

表 3-21 轴承端盖的加工工艺路线

工序号	工序名称	工序内容	工艺装备
1	铸造	毛坯铸造出中间阶梯预孔	
2	热处理	时效	
3	车	以不加工面 ϕ35 mm 内孔装夹,粗车 ϕ52 mm、ϕ90 mm 外圆、ϕ32 mm 内孔、端面	车床
4	车	以 ϕ52 mm 装夹,粗车 ϕ55 mm、端面、台阶面、ϕ16 mm 内孔	车床
5	车	以 ϕ55 mm 装夹,半精车 ϕ52 mm、ϕ90 mm 外圆、ϕ16 mm、ϕ32 mm 内孔	车床
6	钳	钻 6-ϕ7	钻床
7	钳	锪沉孔	钻床
8	钳	钻 3-M5 底孔,孔深 12 mm	钻床
9	钳	攻丝,M5 螺纹孔,孔深 10 mm	钻床
10	钳	钻 M12 底孔,孔深 31 mm	钻床
11	钳	攻丝,M12 螺纹孔,孔深 12 mm	钻床
12	钳	钻 ϕ10 mm(工艺性差,钻模保证)	钻床
13	车	以 ϕ55 mm 装夹,精镗 ϕ16 mm 内孔到尺寸	车床
14	磨	以 ϕ16 mm 内孔装夹,磨 ϕ55g6 mm 外圆到尺寸	磨床
15	检	检验入库	

练一练

绘制出各工序简图。

3.3 任务 3

3.3.1 任务 3 工作任务书

(1)零件图纸

零件图纸:飞轮。

学习情境 3 任务 3 零件图:如图 3-22 所示。

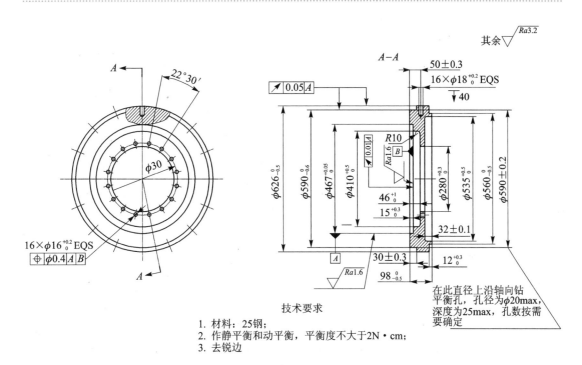

图 3 - 22　飞　轮

（2）工作任务描述

➤ 材料：25 钢。

➤ 生产类型：大批生产。

➤ 工作任务：根据图 3 - 23 所示的零件图，分析其结构、技术要求以及主要表面的加工方法，拟订加工工艺路线，编制工艺规程。

本任务建议学时：2 学时。

3.3.2　任务 3　工作页

1.飞轮加工工艺分析

飞轮的制作准备主要有如下内容：

（1）零件分析

飞轮是安装在机器回转轴上的较大的圆盘状零件，它具有较大的转动惯量。从减轻机械质量出发，飞轮应安装在转速较高的轴上，飞轮的质量分布应远离旋转轴线，因此大轮缘的轮辐式飞轮应用较广。

从零件图纸（见图 3 - 22）可以看出，飞轮中尺寸精度较高的有 $\phi467^{+0.05}_{0}$ mm 的孔径尺寸；主要的技术要求有静平衡和动平衡以及外圆面和端面对基准孔的圆跳动。为了使静平衡和动平衡的平衡度控制在规定的范围内，必须使各表面间具有较高的位置精度。从结构上看，飞轮是个回转体，其尺寸精度又是在车削加工的经济精度范围内，故上述各表面的最终工序及其先行工序均采用车削。

（2）选择毛坯并拟定工艺过程

飞轮直径较大,结构简单,可用自由锻件做毛坯,锻件形状如图 3－23 所示(毛坯尺寸的确定见后)。

图 3－23　飞轮锻件

毛坯确定以后,需要拟定零件的加工工艺路线。工艺路线的拟定是工艺规程制订过程中的关键阶段,是工艺规程制订的总体设计。所拟定的工艺路线合理与否,不但影响加工质量和生产率,而且影响工人、设备、工艺装备及生产场地的合理利用,从而影响生产周期与生产成本。因此,工艺路线的拟定应在仔细分析零件图,合理确定毛坯的基础上,结合具体的生产类型和生产条件进行,需考虑各个加工表面的加工方法与加工方案、工序集中与分散程度的决定和工序顺序的安排、定位与夹紧方案的确定以及热处理、检验与包装等辅助工序的安排等。设计时,可预先提出多种方案,通过分析、对比、讨论,从中选择最佳方案。

在本学习情境中,飞轮作为学习载体,仅提供一种方案的全过程供同学们学习,在任务 2 (轴承端盖)的学习中,要求各小组自行分析讨论,提出自己的方案,供全班同学讨论,最后确定最佳的工艺路线。

2. 拟订加工工艺规程

通过对零件的分析,本零件的材料为 25 钢,毛坯为自由锻件,批量为 200 件,故拟采用工序集中的原则,分粗、精加工两个阶段进行。热处理工序只用一次,在粗加工阶段后进行,根据零件对硬度的要求以及零件的工作状况,采用正火处理。最后一道工序为检验工序。

显然,本零件只采用两种加工方法:车削和钻削。根据零件的尺寸、形状精度要求,考虑零件的硬度,参照表 1－6,故主要各表面工艺为粗车—精车,后进行钻孔,动静平衡,具体工艺路线见表 3－22(所有工序尺寸稍后确定)。

表 3－22　飞轮的加工工艺流程

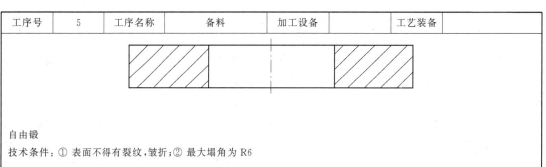

工序号	5	工序名称	备料	加工设备		工艺装备	

自由锻
技术条件：① 表面不得有裂纹,皱折；② 最大塌角为 R6

工序号	10	工序名称	粗车外圆端面及孔(左端)	加工设备	CA6140	工艺装备	三爪卡盘

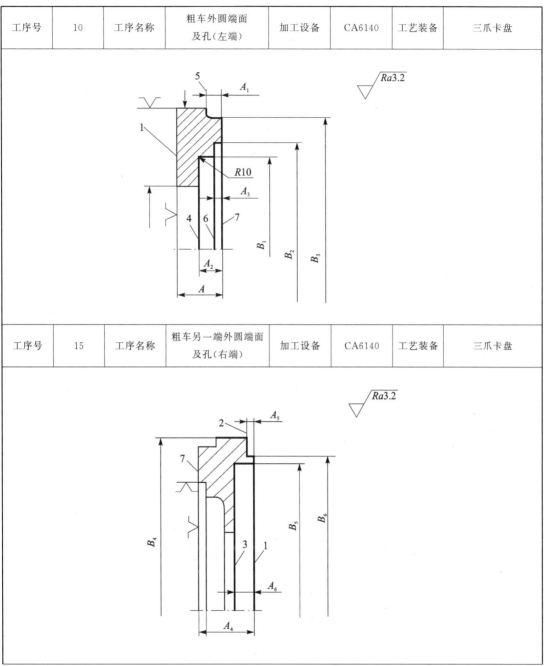

工序号	15	工序名称	粗车另一端外圆端面及孔(右端)	加工设备	CA6140	工艺装备	三爪卡盘

工序号	20	工序名称	热处理：正火	加工设备		工艺装备	
工序号	25	工序名称	精车外圆端面及孔 （右端）	加工设备	CA6140	工艺装备	三爪卡盘

工序号	30	工序名称	精车另一外圆端面 及孔（左端）	加工设备	CA6140	工艺装备	三爪卡盘

工序号	35	工序名称	中间检验	加工设备		工艺装备	
工序号	40	工序名称	钻孔	加工设备	摇臂钻床	工艺装备	钻模

$16 \times \phi16^{+0.2}_{0}$ EQS

| ⊕ | $\phi0.4$ | A | B |

√ Ra3.2

ϕ

B

A

22°30′

$\phi310$

工序号	45	工序名称	去毛刺	加工设备		工艺装备	钳工台
工序号	50	工序名称	钻孔	加工设备	摇臂钻床	工艺装备	钻模

√ Ra3.2

$A-A$

$16 \times \phi18^{+0.2}_{0}$ EQS

40 ± 0.3

50 ± 0.3

A

A

工序号	55	工序名称	静平衡	加工设备	钳工台 摇臂钻床	工艺装备	支架、心轴
工序号	60	工序名称	动平衡	加工设备	动平衡机	工艺装备	
工序号	65	工序名称	检验、入库	加工设备		工艺装备	

在确定了工艺路线以后,还需要确定每一工序中加工的每个表面的尺寸及其公差,这些工序尺寸和公差一般应这样来确定:先按零件图要求确定最终工序的工序尺寸和公差,然后选定每道工序加工的余量值,再按选定的余量值确定前面工序的工序尺寸;工序尺寸的公差和粗糙度则按该工序加工方法的经济精度来确定。

对于零件的内、外圆柱面,简单的长度尺寸按以上方法确定尺寸和公差一般没有什么困难(例如工艺规程中的 B 类尺寸),但对于轴向尺寸比较复杂的零件,由于工序较多,工序中基准又不重合,且尺寸还需要换算,因而工序尺寸及其公差的确定就比较复杂(例如工艺规程中的 A 类尺寸,关键是不容易正确列出工艺尺寸链)。这时,如果采用图解追踪法,就能够比较方便、可靠地找出工艺过程的全部尺寸链,进而求出各工序尺寸、公差和余量。

课后习题 3

一、填空题

1. 适合于大型零件孔加工的机床是_____。

2. 麻花钻由_____、_____和_____三部分构成。

3. 小批量钻孔时用_____找正法。

4. 钻床夹具上钻套的作用是_____。

5. 标准钻套分为_____、可换钻套和_____。

6. 钻模板的作用是_____。

7. 铰刀的工作部分起_____和_____作用。

8. 通过_____引导刀具加工,是钻模的主要特点。

9. 钻床的主要类型有_____、_____、_____和_____。

10. 深孔加工的关键问题是解决_____和_____。

二、判断

1. 钻床夹具用于大批量钻孔加工的场合。 （　　）

2. 大型工件上的孔加工应使用翻转式钻模。 （　　）

3. 手用铰刀为直柄结构。 （　　）

4. 扩孔可以达到 6 级加工精度,因此可以作为孔的终加工方法。 （　　）

5. 孔加工时刀具刚性较差,因此会产生形状误差。 （　　）

三、选择题

1. 孔的粗加工方法是（　　）。

 A. 钻孔 B. 扩孔 C. 铰孔 D. 镗孔

2. 麻花钻的（　　）是切削部分的备磨部分。

  A. 柄部   B. 颈部   C. 切削部分   D. 导向部分

3. 工件进行钻、扩、铰多工步加工时应选用( )。

  A. 固定钻套   B. 可换钻套   C. 特殊钻套   D. 快换钻套

4. 小直径孔的精加工方法是( )。

  A. 钻孔   B. 扩孔   C. 铰孔   D. 镗孔

5. 下列( )不是钻孔的工艺特点。

  A. 钻头易偏斜   B. 孔径易扩大

  C. 孔表面质量较差   D. 内孔加工比外圆加工更容易

6. 对于零件上未铸出的孔,( )方案更合理。

  A. 扩—钻—铰 B. 钻—扩—铰 C. 钻—铰—镗 D. 钻—铰—扩

7. 关于内孔磨床,描述正确的是( )。

  A. 仅能磨削通孔   B. 不能磨削锥孔

  C. 可以磨削盲孔、阶梯孔   D. 可以磨削任何圆柱孔和阶梯孔

四、简答题

1. 钻模板的主要类型有哪些?

2. 简述各种常用钻床夹具的应用范围。

3. 加工薄壁套类零件时,防止变形的措施有哪些?

4. 内圆磨床的磨削方法有哪些?

5. 分析钻孔、扩孔、铰孔三种加工方法的工艺特点,并说明三种孔加工工艺之间的关系。

五、分析题

1. 在一批零件上加工 $\phi 12H8$ 的孔。先用 $\phi 11.8$ 麻花钻钻孔,再用 $\phi 12H8$ 的高速钢机用铰刀铰孔达到尺寸要求。请确定各快换钻套内孔直径的基本尺寸及上下偏差。

2. 根据图 3-24 编制法兰盘的加工工艺过程卡。生产类型:大批量生产。

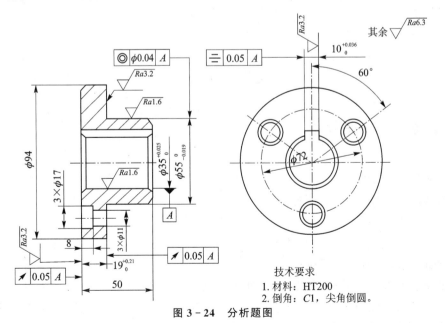

图 3-24 分析题图

学习情境4 箱体类零件的加工工艺制订

学习目标

完成本学习情境后,应该能够:

➤ 以合作的方式分析待加工箱体的图纸,确定在现有条件下和工期要求下加工箱体的可行性。

➤ 独立通过查阅《机械加工工艺手册》,确定零件毛坯种类、形状和尺寸,绘制各工序的工序简图。

➤ 以合作的方式制订箱体类零件加工工艺,填写工艺文件。

➤ 独立选择工装夹具,并判断其是否合格。

➤ 合作制订零件检测方案,并独立检测各工序阶段的尺寸精度和形位公差。

➤ 在教师的引导下,根据工艺要求,独立操作,完成箱体零件的加工。

建议用 20 学时完成本学习情境。

学习内容

➤ 箱体类零件的功用及结构特点。

➤ 箱体的毛坯及材料。

➤ 平面加工的主要方法。

➤ 镗削加工方法的工艺特点及常见镗床的类型、镗刀的选择及镗床夹具。

➤ 箱体类零件的加工工艺。

➤ 零件的装夹与校正。

4.1 任务1

4.1.1 任务 1 工作任务书

(1) 零件图纸

零件图纸:轴承座。

学习情境4任务1零件图:如图4-1所示。

(2) 工作任务描述

➤ 工作任务1:轴承座的工艺制订。

➤ 批量要求:单件小批量生产。

➤ 工作任务描述:拟加工如图4-1所示的轴承座,设计其加工工艺,填写相关的工艺文件,然后利用相关设备加工出合格的零件。从零件工艺制订所需要的背景知识、工作过程、机床操作等方面按照企业工作流程和工作标准使学生逐渐从零件工艺制订的初学者到熟练者。

➤ 操作要求：独立完成零件的钻削及铣削等工序并达到精度要求；观摩老师对轴承支承座孔的镗削工序，了解有关镗削的工艺知识并对镗削有一个感性认识。

➤ 零件材料：HT150。

➤ 批量：5 件。

完成本任务学时建议 8 学时。

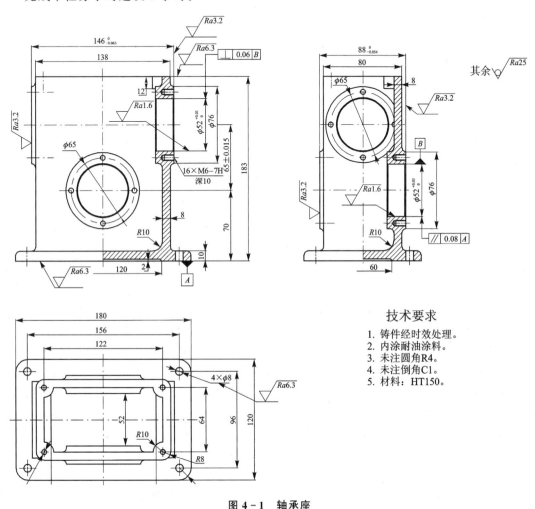

技术要求

1. 铸件经时效处理。
2. 内涂耐油涂料。
3. 未注圆角R4。
4. 未注倒角C1。
5. 材料：HT150。

图 4-1　轴承座

4.1.2　任务 1　工作页

工作任务一：轴承座的工艺制订。

1. 学习目标

通过本任务的学习，应该能够：

① 选择合适的信息渠道收集所需的专业信息。

② 通过独立查阅《机械加工工艺手册》等相关手册，分析箱体的形状和结构特点、材料类型，计算毛坯成本，并与毛坯加工人员协作完成毛坯的铸造。

③ 根据所学的机械设计等相关知识,通过图纸分析箱体类零件的功能及结构特点、主要技术要求、加工难点,哪些是关键尺寸?哪些是重要尺寸等。

④ 阅读工作任务书,通过查阅技术与工艺手册,分析零件图纸,以合作的方式编制待加工零件的加工工艺,填写工艺文件。

⑤ 根据零件加工工艺选择合适的铣床、钻床及相应的刀具、夹具和量具;

⑥ 在老师的引导下在独立完成平面的加工,并控制加工质量。

⑦ 观摩老师是如何采用镗削加工方法加工该零件的,由此对镗削加工方法有一个基本的认识。

⑧ 在老师的引导下独立完成小径孔加工并完成其余加工工序,注意控制加工质量。

⑨ 检测加工质量,分析出现此种加工结果的原因(重点是铣削加工),找出提高加工质量、降低加工成本的途径与方法。

2. 背景材料

在航天军用产品中,常见的航天箱体类零件主要有:自由陀螺壳体、航天雷达机架、涡喷发动机壳体、航天变速器外壳、遥测装置基座等。在航天民用产品中,常见的箱体类零件有:机床主轴箱、机床进给箱、变速器箱体、发动机缸体和机座等。

箱体类零件是机器或部件的基础零件,它将机器或部件中的轴、套、齿轮等有关零件组装成一个整体,使它们之间保持正确的相互位置,并按照—定的传动关系协调地传递运动或动力。因此,箱体的加工质量将直接影响机器或部件的精度、性能和寿命。

箱体的结构形式虽然多种多样,但仍有共同的主要特点:形状复杂、壁薄且不均匀,内部呈腔形,加工部位多,加工难度大,既有精度要求较高的孔系和平面,也有许多精度要求较低的紧固孔。

箱体零件的技术要求主要可归纳如下:

(1) 主要平面的形状精度和表面粗糙度

箱体的主要平面是装配基准,并且往往是加工时的定位基准,所以,应有较高的平面度和较小的表面粗糙度值,否则,直接影响箱体加工时的定位精度,影响箱体与机座总装时的接触刚度和相互位置精度。

一般箱体主要平面的平面度在 $0.1 \sim 0.03$ mm 之间,表面粗糙度 Ra 值为 $2.5 \sim 0.63$ μm,各主要平面对装配基准面垂直度为 $0.1/300$。

(2) 孔的尺寸精度、几何形状精度和表面粗糙度

箱体上的轴承支承孔本身的尺寸精度、形状精度和表面粗糙度都要求较高,否则,将影响轴承与箱体孔的配合精度,使轴的回转精度下降,也易使传动件(如齿轮)产生振动和噪声。一般机床主轴箱的主轴支承孔的尺寸精度为 IT6,圆度、圆柱度公差不超过孔径公差的一半,表面粗糙度 Ra 值为 $0.63 \sim 0.32$ μm。其余支承孔尺寸精度为 IT7 $\sim$ IT6,表面粗糙度 Ra 值为 $2.5 \sim 0.63$ μm。

(3) 主要孔和平面相互位置精度

同一轴线的孔应有一定的同轴度要求,各支承孔之间也应有一定的孔距尺寸精度及平行度要求,否则,不仅装配有困难,而且使轴的运转情况恶化,温度升高,轴承磨损加剧,齿轮啮合精度下降,引起振动和噪声,影响齿轮寿命。支承孔之间的孔距公差为 $0.12 \sim 0.05$ mm,平行度公差应小于孔距公差,一般在全长取 $0.1 \sim 0.04$ mm。同一轴线上孔的同轴度公差一般为

0.04～0.01 mm,支承孔与主要平面的平行度公差为 0.1～0.05 mm,主要平面间及主要平面对支承孔之间垂直度公差为 0.1～0.04 mm。

箱体类零件加工过程复杂,加工精度高,难度大。所涉及的常见切削加工方法有:铣、刨、磨、镗、钻等。

在箱体零件加工中,如何控制关键部位的精度和表面质量,是机械制造技术及所在专业群学生以及从业人员必须解决的问题。

3. 工作过程

为了完成本工作任务,需要在熟悉钻削的基础上做以下准备:

➤ 铣床的种类和型号。

➤ 选择好铣刀。

➤ 零件装夹方法。

➤ 测量毛坯尺寸并计算切削用量。

这些知识可以通过以下途径获得:

➤ 机械制造工艺教材。

➤ 铣床使用说明书。

➤ 切削用量手册。

➤ 互联网、校园网中的资源库。

① 阅读任务书,分析待加工轴承座的结构和技术要求,并将分析结果分别填入表 4-1 和表 4-2 中。

表 4-1　轴承座的结构分析

几何结构要素	整体结构特征	结构工艺评价

表 4-2　轴承座的技术要求分析

几何要素	尺寸及公差	位置公差	表面粗糙度

② 到铣削加工现场观察零件加工过程,将观察的铣削结果填入表 4-3。

表4-3　铣削现场观察记录

观察项目	观察结果
使用的机床	
工件的装夹方式	
使用的刀具	
工件的运动	
刀具的运动	

③ 对零件进行结构分析。就本任务而言,是否可以划分成几个子任务? 将划分的子任务填入表4-4中。

表4-4　子任务分解

子任务1	
子任务2	
⋮	
子任务 n	

④ 根据加工工艺,指出哪些子任务可以合并成一个工序? 将合并情况填入表4-5中。

表4-5　子任务合并

子任务	合并结果

⑤ 将要加工的零件交货时间与交货要求是怎样的? 这对加工计划将会产生什么样的影响?
影响1:

影响2:
　⋮

影响 n:

⑥ 成都市制造业对平面加工有什么企业标准或者行业标准? 请查阅相关资料。

⑦ 准备好刀具、夹具、量具、材料、辅料。

⑧ 从工艺文件中,提取铣削加工的工序内容及要求,填入表4-6中。

表4-6　铣削加工内容及要求

序　号	机械加工工艺内容	加工要求
1		
2		
3		
4		

⑨ 分小组到实习厂观察铣削加工情况,以此建立对铣削加工的感性认识。学生做好必要的记录与自我总结。

⑩ 组织学生分组讨论。铣床是怎样实现零件加工的? 将讨论情况计入表4-7中。

表4-7　讨论情况记录表

序　号	讨论内容记录
讨论结果(结论):	

⑪ 确定零件的加工方案。每个人都制订2个及以上加工方案,然后小组讨论每个加工方案,并将各个方案的分析比较填入表4-8中。

方案1:请自主设计一张表格来表述加工方案1。

方案2:请自主设计一张表格来表述加工方案2。

表4-8　各种方案比较

方　案	优　点	缺　点
方案1		
方案2		
⋮		
方案 n		

⑫ 小组汇报。汇报本小组的加工工艺方案与步骤。每个小组将组内每个成员的箱体类零件工艺方案经讨论汇总,得出本小组的多个方案,由小组成员的一位代表在全班进行汇报。

⑬ 将多个方案在进行反复比较与论证的基础上,确定一个最优化的工艺方案。

提示 确定最优化的方案要考虑的主要问题有:

➤ 工艺方案的可行性。

➤ 加工成本(经济性)。

➤ 满足技术要求的可能性。

➤ 铣床、钻床与刀具、夹具等的现状。

⑭ 综合前述的结果,规划箱体零件的加工工艺。将规划的每个工序的工序图绘制出来。

⑮ 总结铣削加工工艺制订方法。主要包括:基本加工顺序、工装夹具选择、工艺参数选择。

⑯ 操作铣床与钻床加工该零件。每个学生以满足技术和经济的方式加工所要求完成的该箱体零件。

➤ 装夹工件毛坯。

➤ 画线、钻小径孔,监控机床运行状态和加工过程。

➤ 粗、精铣平面,监控机床运行状态和加工过程,注意保证关键尺寸精度及表面质量要求。

➤ 检测加工结果。

➤ 观摩老师在镗床上对关键支承座孔的加工,思考镗削加工工艺。

➤ 完成其余加工工序并自检及互检零件,记录检测结果。

➤ 维护机床。

⑰ 对照该零件图纸,检测尺寸公差、形状公差、位置公差等技术要求所要求的各项指标,并将检测结果填入表4-9中。

表4-9 轴承座加工结果检测表

序　号	检测项目	图纸要求	实际检测结果	备　注
1				
2				
3				
⋮				
n				

⑱ 在加工质量检测的基础上分小组讨论。与图纸要求相比,哪些不能满足要求?哪些超过技术要求?原因是什么?将讨论结果填入表4-10加工质量分析表中。

表4-10 加工质量分析表

序　号	不合格项目	质量优良项目	原　因
1			
2			
3			
⋮			
n			

⑲ 评价。按评价表(见表4-11)的评价项目、评价标准和评价方式,对完成本学习与工作任务的过程与结果进行评价。

表 4-11 学习情境 4 任务 1 评价表

学习情境			任务 1			
班　级			姓　名		学　号	
评价方式:学生自评						
评价项目	评价标准		评价结果			
			8	6	4	2
明确学习目标和任务,制订学习计划	8分:明确学习目标和任务,立即讨论制订切实可行的学习计划 6分:明确学习目标和任务,30分钟后开始制订可行的学习计划 4分:明确学习目标和任务,制订的学习计划不太可行 2分:不能明确学习目标和任务,基本不能制订学习计划					
小组学习表现	8分:在小组中担任明确角色,积极提出建设性意见,倾听小组其他成员意见,主动与小组成员合作完成学习任务 6分:在小组中担任明确角色,提出自己的建议,倾听小组其他成员意见,与小组成员合作完成学习任务 4分:在小组中担任的角色不明显,很少提出建议、倾听小组其他成员意见,被动与小组成员合作完成学习任务 2分:在小组中没有担任明确角色,不提出任何建议,很少倾听小组其他成员意见,与小组成员不能很好地合作完成学习任务					
独立学习与工作	8分:学习和工作过程与学习目标高度统一,以达到专业技术标准的方式独立完成所规定的学习与工作任务 6分:学习和工作过程与学习目标相统一,以达到专业技术标准的方式在合作中完成所规定的学习与工作任务 4分:学习和工作过程与学习目标基本一致,以基本达到专业技术标准的方式在他人的帮助下完成所规定的学习与工作任务 2分:参与了学习与工作过程,不能以达到专业技术标准的方式完成所规定的学习与工作任务					
获取与处理信息	8分:能够开拓创造新的信息渠道,从日常生活和工作中随时捕捉完成学习与工作任务的有用信息,并科学处理信息 6分:能够独立地从多种信息渠道收集完成学习与工作任务的有用信息,并将信息分类整理后供他人分享 4分:能够利用学院信息源获得完成学习与工作任务的有用信息 2分:能够从教材和教师处获得完成学习与工作任务的有用信息					

学习情境			任务 1		
班　级		姓　名		学　号	

评价方式：学生自评					
评价项目	评价标准	评价结果			
		8	6	4	2
学习与工作方法	8分：能够利用自己与他人的经验解决学习与工作中出现的问题，独立制订完成零件工作任务的方案并实施 6分：能够在他人适当的帮助下解决学习与工作中出现的问题，制订完成零件工作任务的方案并实施 4分：能够解决学习与工作过程中出现的问题，在合作的方式下制订完成零件工作任务的方案并实施 2分：基本不能解决学习与工作中出现的问题				
表达与交流	8分：能够代表小组用标准普通话以符合专业技术标准的方式汇报、阐述小组学习与工作计划和方案，并在演讲的过程中恰当地配合肢体语言，表达流畅、富有感染力 6分：能够代表小组用普通话以符合专业技术标准的方式汇报、阐述小组学习与工作计划和方案，表达清晰、逻辑清楚 4分：能够汇报小组学习与工作计划和方案，但表达不够简练，普通话不够准确 2分：不能代表小组汇报与表达，语言不清，层次不明				

评价方式：教师评价					
评价项目	评价标准	评价结果			
		12	9	6	3
工艺制订	12分：能够根据待加工零件的图纸，独立正确地制订零件的加工工艺，并正确填写相应表格 9分：能够根据待加工零件图纸，以合作的方式正确制订零件的加工工艺，并正确填写表格 6分：根据待加工零件图纸制订的工艺不太合理 3分：不能制订待加工零件的工艺				
加工过程	8分：无加工碰撞与干涉，能够对加工过程中出现的异常情况立即作出相应的正确处理措施，并独立排除异常情况 6分：无加工碰撞与干涉，能够对加工过程中出现的异常情况做出相应的正确处理措施 4分：无加工碰撞与干涉，但不能处理加工中的异常情况 2分：加工出现碰撞或者干涉	8	6	4	2

续表 4 – 11

学习情境		任务 1					
班　级		姓　名		学　号			
评价方式：教师评价							
评价项目	评价标准			评价结果			
				8	6	4	2
加工结果	8分：能够独立使用正确的测量工具和正确的方法，检测零件加工质量且测量结果完全达到图纸要求 6分：能够以合作方式使用正确的测量工具和正确的方法，检测零件加工质量且测量结果完全达到图纸要求 4分：能够以合作方式使用正确的测量工具和正确的方法，检测零件加工质量，但检测结果有 1～2 项超差 2分：能够以合作方式使用正确的测量工具和方法检测零件加工质量，但检测结果有 2 项以上超差						
安全意识	8分：遵守安全生产规程，按规定劳保用品穿戴整齐完整 3分：存在违规操作或者存在安全生产隐患			8		3	
学习与 工作报告	8分：按时、按要求完成学习与工作报告，能够发现自己的缺陷并提出解决的措施，书写工整 6分：按时、按要求完成学习与工作报告，书写工整 4分：推迟完成学习与工作报告，书写工整 2分：推迟完成学习与工作报告，书写不工整			8	6	4	2
日常作业 测验口试	8分：无迟到、早退、旷课现象，按时、正确完成作业，回答问题流利正确 6分：无迟到、早退、旷课现象，按时、基本正确完成作业，回答问题基本正确 4分：无旷课现象，能完成作业 2分：缺作业且出勤较差						
综合评价结果							

4.1.3　知识链接

1. 铣削加工

铣削是平面加工中应用最普遍的一种方法，在机械零件切削和工具生产中占有相当大的比重，仅次于车削。利用各种铣床、铣刀和附件，可以铣削平面、沟槽、弧形面、螺旋槽、齿轮、凸轮和特形面。铣削的主运动是铣刀的旋转运动，进给运动是工件的直线运动。

一般经粗铣、精铣后，尺寸精度可达 IT9～IT7，表面粗糙度 Ra 可达 $3.2～1.6~\mu m$。

2. 铣　床

铣床的类型很多，主要以布局形式和适用范围加以区分。铣床的主要类型有卧式升降台铣床、立式升降台铣床、龙门铣床、工具铣床、圆台铣床、仿形铣床和各种专门化铣床。

（1）卧式铣床

卧式铣床的主轴是水平安装的。万能回旋头铣床除具备一个水平主轴外,还有一个可在一定空间内进行任意调整的主轴,其工作台和升降台分别可在三个方向运动,而且还可以在两个互相垂直的平面内回转,故有更广泛的工艺范围,但机床结构复杂,刚性较差。

（2）立式铣床

立式铣床的主轴是垂直安装的。立铣头取代了卧铣的主轴悬梁、刀杆及其支承部分,且可在垂直面内调整角度。立式铣床适用于单件及成批生产中的平面、沟槽、台阶等表面的加工;还可加工斜面;若与分度头、圆形工作台等配合,还可加工齿轮、凸轮及铰刀、钻头等的螺旋面;在模具加工中,立式铣床最适合加工模具型腔和凸模成形表面。立式升降台铣床的外形如图4-2所示。

（3）龙门铣床

龙门铣床是一种大型高效能的铣床,如图4-3所示。在龙门铣床上可利用多把铣刀同时加工几个表面,生产率很高。所以,龙门铣床广泛应用于成批、大量生产中大中型工件的平面、沟槽加工。

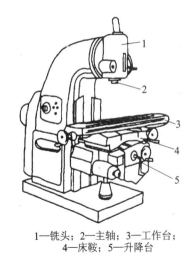

1—铣头；2—主轴；3—工作台；
4—床鞍；5—升降台

图4-2 立式升降台铣床

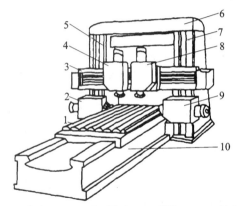

1—工作台；2,9—水平铣头；3—横梁；4,8—垂直铣头；
5,7—立柱；6—顶梁；10—床身

图4-3 龙门铣床

（4）万能工具铣床

万能工具铣床(见图4-4)常配备有可倾斜工作台、回转工作台、平口钳、分度头、立铣头、插销头等附件,所以,万能工具铣床除能完成卧式和立式铣床的加工内容外,还有更多的万能性,故适用于工具、刀具及各种模具加工,也可用于仪器、仪表等行业加工形状复杂的零件。

（5）圆台铣床

圆台铣床的圆工作台可装夹多个工件连续的旋转,使工件的切削时间与装卸等辅助时间重合,获得较高的生产率。圆台铣床又可分为单轴和双轴两种形式,图4-5所示为双轴圆台铣床。它的两个主轴可分别安装粗铣和半精铣的端铣刀,同时进行粗铣和半精铣,使生产率更高。圆台铣床适用于加工成批大量生产中小零件的平面。

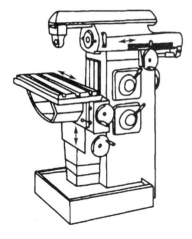

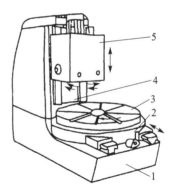

1—床身；2—滑座；3—主轴箱；
4—滑鞍；5—主轴箱

<table>
<tr><td>图 4-4　万能工具铣床</td><td>图 4-5　圆台铣床</td></tr>
</table>

3. 铣　刀

铣刀的种类很多,按其用途可分为：加工平面用铣刀、加工沟槽用铣刀和加工特形面用铣刀三大类。

(1) 加工平面用铣刀

加工平面用铣刀如图 4-6 所示。

➤ 圆柱形铣刀　分粗齿与细齿 2 种,主要用于粗铣及半精铣平面。

➤ 端铣刀　有整体式、镶齿式和可转位(机械夹固)式 3 种,用于粗、精铣各种平面。

(a) 整体式圆形铣刀　　(b) 镶齿式圆形铣刀　　(c) 可转位硬质合
金刀片端铣刀

图 4-6　加工平面用铣刀

此外,加工较小的平面时可使用立铣刀和三面刃铣刀。

(2) 加工沟槽用铣刀

加工沟槽用铣刀如图 4-7 所示。

(a) 立铣刀　(b) 键槽铣刀　(c) 三面刃铣刀　　(d) 锯片铣刀

图 4-7　加工沟槽用铣刀

➤ **立铣刀** 用于铣削沟槽、螺旋槽及工件上各种形状的孔,铣削阶台平面、侧面,铣削各种盘形凸轮与圆柱凸轮,以及通过靠模铣削内、外曲面。

➤ **键槽铣刀** 用于铣削键槽。

➤ **三面刃铣刀** 分直齿、错齿和镶齿等几种。用于铣削各种槽、台阶面、工件的侧面及凸台平面等。

➤ **锯片铣刀** 用于铣削各种槽及板料、棒料以及各种型材的切断。

（3）加工特形面用铣刀

根据特形面的形状而专门设计的成形铣刀称为特形铣刀。例如,凹半圆形铣刀用于铣削凸半圆特形面;凸半圆形铣刀用于铣削凹半圆特形面;T形槽铣刀用于铣削T形槽;燕尾槽铣刀用于铣削燕尾槽。

4. 铣削用量

铣削用量是指铣削过程中选用的铣削速度 v_c、进给量 f、铣削宽度 a_c 和铣削深度 a_p。铣削用量的选择对提高铣削的加工精度、改善加工表面质量和提高生产率有着密切的关系。

（1）铣削速度 v_c

铣削时切削刃上选定点在主运动中的线速度,即切削刃上离铣刀轴线距离最大的点在1分钟内所经过的路程。铣削速度与铣刀直径、铣刀转速有关,计算公式为

$$v_c = \frac{\pi d n}{1\,000} \quad \text{(m/min)}$$

式中,d 为铣刀直径,单位:mm;n 为铣刀转速,单位:r/min。

（2）进给量 f

铣刀在进给运动方向上相对工件的单位位移量。铣削中的进给量根据实际需要可用下列方法表示:

① 每转进给量 f。铣刀每回转一周在进给运动方向上相对工件的位移量,单位为 mm/r。

② 每齿进给量 f_z。铣刀每转中每一刀齿在进给运动方向上相对工件的位移量,单位为 mm/z。

③ 每分钟进给量(即进给速度) v_f。铣刀每回转 1 min 在进给运动方向上相对工件的位移量,单位为 mm/min。

3 种进给量的关系为

$$v_f = f \cdot n = f_z \cdot z \cdot n \quad \text{(mm/min)}$$

式中,n 为铣刀(或铣床主轴)转速,单位:r/min;z 为铣刀齿数。

铣削时,根据加工性质先确定每齿进给量 f_z,然后根据铣刀的齿数 z 和铣刀的转速 n 计算出每分钟进给量 v_f,并以此对铣床进给量进行调整(铣床铭牌上进给量用每分钟进给量表示)。

（3）铣削宽度 a_c

铣削宽度指在垂直于铣刀轴线方向和工件进给方向上测得的铣削层尺寸。

（4）铣削深度 a_p

铣削深度指在平行于铣刀轴线方向上测得的铣削层尺寸。

铣削时,采用的铣削方法和选用的铣刀不同,铣削宽度 a_c 和铣削深度 a_p 的表示也不同。

图 4-8 所示为用圆柱形铣刀进行圆周铣与用端铣刀进行端铣时,铣削宽度与铣削深度的表示。不难看出,铣削宽度 a_c 都表示铣削弧深,因为不论使用哪一种铣刀铣削,其铣削弧深方向均垂直于铣刀轴线。

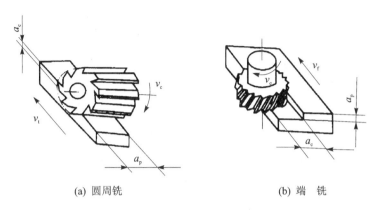

(a) 圆周铣　　　　　　　　　　　　(b) 端　铣

图 4-8　圆周铣与端铣时的铣削用量

5. 铣削方式

铣削有顺铣与逆铣两种方式。

➢ 顺铣。铣刀对工件的作用力在进给方向上的分力与工件进给方向相同的铣削方式。

➢ 逆铣。铣刀对工件的作用力在进给方向上的分力与工件进给方向相反的铣削方式。

图 4-9 所示为用圆柱形铣刀圆周铣削平面时的顺铣与逆铣。

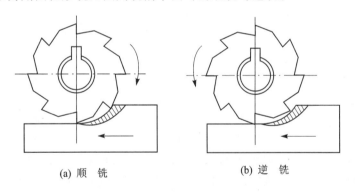

(a) 顺　铣　　　　　　　　　　　　(b) 逆　铣

图 4-9　圆周铣时的顺铣与逆铣

利用铣刀圆柱面上的刀刃进行铣削称为圆周铣。圆周铣时顺铣与逆铣的比较如下:

① 顺铣时,铣刀对工件的作用力 F_c 在垂直方向的分力 F_N 始终向下,对工件起压紧作用(见图 4-10(a))。因此,铣削平稳,对铣削不易夹紧或细长的薄板形工件尤为适宜。逆铣时,F_c 在垂直方向的分力 F_N 始终向上,工件需要较大的夹紧力(见图 4-10(b))。

② 顺铣时,铣刀刀刃切入工件初始切屑厚度最大,以后逐渐减小到 0。因此,铣刀后刀面与工件已加工表面的挤压、摩擦小,刀刃磨损慢,工件加工表面质量较好。逆铣时,切屑厚度由 0 逐渐增加到最大,由于刀刃不可能刃磨得绝对锋利,因此,刀刃在切削开始时不能立即切入工件,对工件表面存在挤压与摩擦,这会加剧工件加工表面的硬化,降低表面加工的质量。此外,刀齿磨损加快,降低铣刀的耐用度。

③ 顺铣时,刀刃从工件外表面切入工件,表层的硬皮和杂质,容易使刀具磨损和损坏。逆

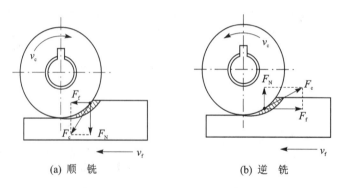

图 4 - 10   圆周铣时的切削力及其分力

铣时,当铣刀中心进入工件端面后,刀刃沿已加工表面切入工件,工件表层的硬皮和杂质等对刀刃影响较小。

④ 顺铣时,F_c 的水平方向分力 F_f 与工作台进给方向相同,当工作台进给丝杠与螺母间隙较大时,F_f 会拉动工作台使工作台产生间隙性窜动,导致刀齿折断、刀轴弯曲、工件与夹具产生位移甚至机床损坏等严重后果。逆铣时,F_f 与工作台进给方向相反,不会拉动工作台。

⑤ 消耗在进给运动上的功率,逆铣大于顺铣。

综合上述比较,在铣床上进行圆周铣削时,一般都采用逆铣,只有下列情况才选用顺铣:

① 工作台丝杠、螺母传动副有间隙调整机构,并可将轴向间隙调整到足够小(0.03~0.05 mm)。

② 切削力在水平方向的分力 F_f 小于工作台与导轨之间的摩擦力。

③ 铣削不易夹紧薄而长的工件。

6. 铣床夹具

铣床夹具均安装在铣床工作台上,随工作台作进给运动。为保证夹具在工作台上的正确安装,铣床夹具上一般设有安装元件——定向键。成对的定向键嵌于铣床工作台的 T 形槽内使夹具定位于铣床工作台。铣削属生产中效率较高的一种加工方法,为保持加工中的高效率,夹具上还会设有对刀元件——对刀块,以便能迅速地调整好刀具相对于工件的位置。除此之外,夹具还会采用联动夹紧和多件夹紧方式,以提高生产率。由于铣削为断续切削,又多用于粗加工及半精加工,故加工中有较大的冲击和振动,铣床夹具应有足够的刚度、强度,并且夹紧可靠。

铣床夹具通常按进给方式的不同,分为直线进给式、圆周进给式及靠模式铣床夹具三种类型,其中直线进给式最为常见。

(1)直线进给铣床夹具

直线进给铣床夹具既有单工位,亦有多工位(中小零件的大批量加工时)形式。

图 4 - 11 所示为一个加工壳体零件两侧面用的铣床夹具。工件以一面两孔为定位基准,在夹具上定位,用 2 个联动压板夹紧,定向销 11 帮助确定夹具在机床上的正确位置,对刀块 5 可帮助刀具迅速对准夹具上的工件。

图 4 - 12 所示为一气动双件夹紧铣床夹具。工件以一平面和外圆柱面为定位基准,在夹具上定位,当压缩空气进入气缸下腔时,活塞 3 上移,活塞杆 4 带动杠杆 5 逆时针转动,通过活节螺栓 6 使压板夹紧工件。

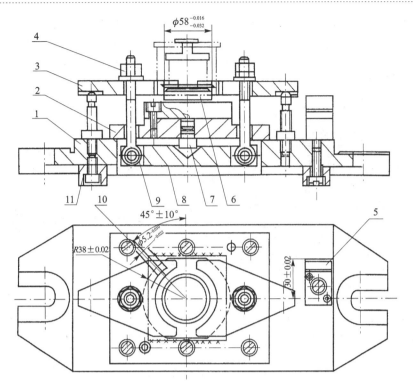

1—家具体；2—支承板；3—压板；4—螺母；5—对刀块；6—定位件；
7—支承钉；8—回转板；9—活节螺栓；10—菱形销；11—定向销

图 4-11　加工壳体铣床夹具

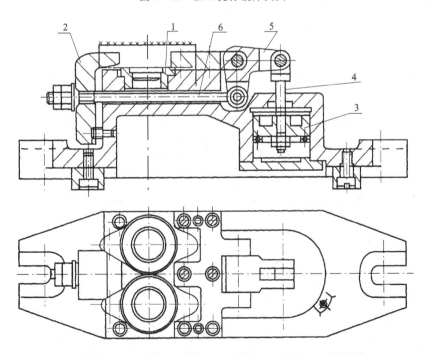

1—定位元件；2—压板；3—活塞；4—活塞杆；5—杠杆；6—活节螺栓

图 4-12　气动双件夹紧铣床夹具

图 4-13 为一带装料框的铣床夹具。工件在可卸的装料框(见图 4-13(b))内定位,再随装料框放入夹具体实施夹紧。当一副夹具配备两个以上的装料框时,可在一装料框投入切削时,在另外的装料框上安装工件,使切削时间与部分辅助时间重合,从而提高生产效率。

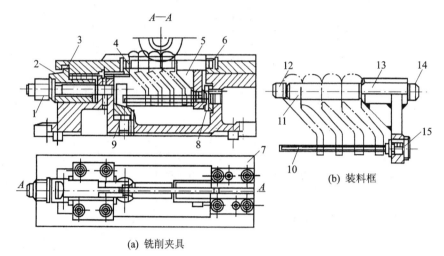

(a) 铣削夹具

1—螺母;2,3—压板;4,6—定位孔;5—装料筐;7—夹具体;
8,9—定位槽口;10,15—削边梢;11,12,14—圆柱销;13—支承

图 4-13 带装料框的铣床夹具

采用双工位转台也可达到使切削时间与辅助时间重合,提高生产率的效果。双工位转台工作原理如图 4-14 所示,工件随夹具 1、2 安装于双工位转台 3 上,加工夹具 1 上的工件时,可对夹具 2 上的工件进行装卸,夹具 1 上工件加工完后,退出工作台 5,转动工位转台 180°,加工夹具 2 上的工件时,同时装卸夹具 1 上的工件。

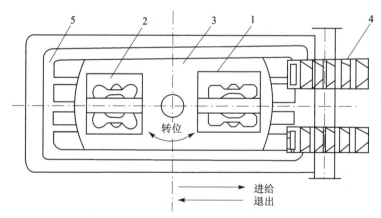

1,2—夹具;3—双工位转台;4—铣刀;5—工作台

图 4-14 双工位转台工作原理

(2) 圆周进给铣床夹具

圆周进给铣床夹具一般与回转工作台一起使用。夹具装在转盘上,随转盘带动工件圆周进给,既可用于加工单个工件的回转面,也可用于大批量生产。

（3）靠模铣床夹具

靠摸铣床夹具在具备一般铣床夹具元件的同时，还带有靠模。靠模的作用是使工件获得辅助运动。因此，该类夹具用于在专用或通用铣床上加工各种非圆曲面、直线曲面或立体、成形面等。按送进方式，靠模铣床夹具可分为直线进给靠模铣床夹具和圆周进给靠模铣床夹具两种。

4.1.4　学与练　轴承座工艺规程制订

1. 零件工艺分析

箱体零件结构复杂，加工面较多，精度要求高。主要加工面是平面和轴承孔，平面的加工质量比较容易保证，而孔的尺寸与形状精度以及孔与孔之间的位置精度则较难保证，成为生产的关键。

（1）加工中安排合适的热处理

箱体毛坯比较复杂，壁厚不均匀，铸造应力较大。为了消除应力、减少变形、保证尺寸稳定性，主轴箱零件在毛坯铸造完成后安排人工时效。

（2）各主要表面的粗、精加工分阶段进行

零件结构复杂，刚性较低，粗加工时余量大，夹紧力大，零件受力、受热产生的应力和变形也较大。因此粗、精加工分阶段进行，中间停留的时间有利于消除应力，精加工时采用较小的夹紧力，同时可以更加合理地选择设备，及时发现毛坯缺陷，剔除废品，避免浪费工时。

（3）采取先面后孔的加工顺序

零件上的孔大多分布在箱体外壁和中间隔壁的平面上，先加工平面可以切除铸件表面的凹凸不平等缺陷，可以减小钻头跑偏量，防止扩、铰、镗孔刀具崩刃，为保证孔加工精度创造了条件。

（4）主要加工表面

该零件的主要加工表面为前后、左右孔口平面，表面粗糙度 Ra 值要求为 3.2 μm；上、下表面粗糙度 Ra 值要求为 6.3 μm；前后、左右轴承孔 $\phi 52^{+0.03}_{0}$ mm，表面粗糙度 Ra 值要求为 1.6 μm；16 个 M6 的螺纹孔；顶面上 4 个 $\phi 8$ mm 小孔。轴承孔之间有垂直度要求，与底面有平行度要求。零件的加工应遵循基准统一的原则，使具有位置精度要求的大部分表面能使用同一个精基准加工。

2. 选择毛坯

零件材料为 HT200，采用铸造毛坯的生产方式。轴承座为单件生产，采用木模手工造型，这种毛坯精度较低，加工余量大，平面余量一般 7～12 mm，孔在半径上的余量为 7～12 mm，直径 50 mm 以上的孔在毛坯上铸出预孔。

3. 拟定工艺过程

查表 1-7 平面加工方案，确定表面粗糙度 Ra 值要求为 3.2 μm 及 6.3 μm 的平面采用粗铣—精铣的加工方案；查表 1-8 内孔加工方案，确定轴承孔 $\phi 52^{+0.03}_{0}$ mm 在毛坯预孔上进行粗镗—精镗的加工方案；M6 的螺纹孔采用钻、铰、攻丝加工；$\phi 8$ mm 孔采用钻孔加工即可。

最终确定轴承座的加工工艺过程如表 4-12 所列。

表 4-12 轴承座的加工工艺过程(单件生产)

序号	名称	工序内容	定位基准
1	铸	手工木模铸造	
2	热处理	时效	
3	漆	漆底漆	
4	钳	画线:保证主孔余量均匀	
5	铣	粗铣、精铣下底面	按线找正
6	铣	粗铣上表面	下底面
7	铣	粗铣各侧面	上、下表面
8	铣	精铣上表面	侧面
9	铣	精铣各侧面	上、下表面
10	镗	粗镗、精镗$\phi52^{+0.03}_{0}$ mm 的轴承孔	上、下表面
11	钳	钻 4-ϕ8 mm 的孔	侧面
12	钳	钻、铰、攻丝 16-M6	上、下表面
12	钳	去毛刺、清洗	
13	检	检验、入库	

4. 确定工序尺寸

以工序6粗铣上表面和工序8精铣上表面为例。

查表A-9平面加工余量,得到精铣平面加工余量为1.5 mm。查表1-7平面加工方案,得到粗铣精度IT11,精铣精度IT9,如表4-13所列。

表 4-13 上表面工序尺寸及公差

工序名称	工序余量/mm	工序精度	基本尺寸/mm	工序尺寸/mm
精铣	1.5	IT9(0.115)	183	$183^{0}_{-0.115}$
粗铣	5.5	IT11(0.29)	184.5	$184.5^{0}_{-0.29}$
毛坯	7	±1.5	190	190±1.5

练一练

确定工序10的工序尺寸,然后填写其工序卡片。

4.2 任务 2

4.2.1 任务 2 工作任务书

(1)零件图纸

零件图纸:车床主轴箱。

学习情境4任务2零件图:如图4-15所示。

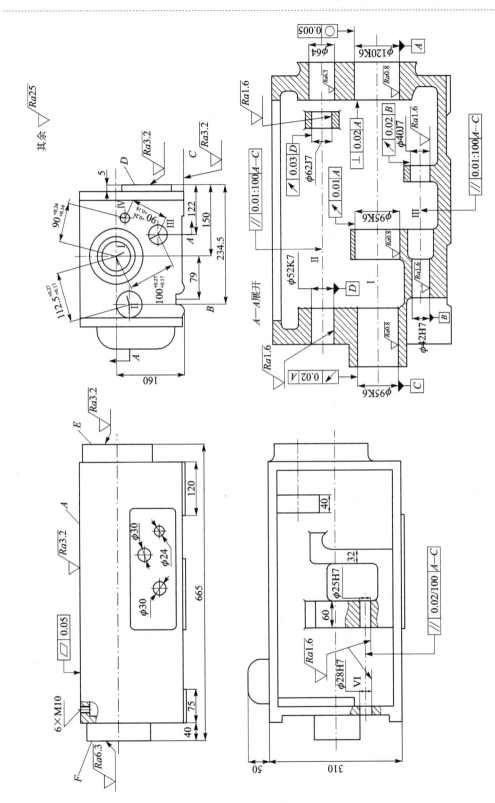

图4-15　学习情境4之任务2零件图

（2）工作任务描述

➤ 工作任务 2：车床主轴箱的工艺制订。

➤ 零件材料：HT200。

➤ 批量要求：大批量生产。

➤ 工作任务描述：拟加工如图 4-15 所示的车床主轴箱。设计其加工工艺，填写相关的工艺文件，然后利用相关设备加工出合格零件。从零件工艺制订所需要的背景知识、工作过程、机床操作等方面按照企业工作流程和工作标准使学生逐渐从零件工艺制订的初学者到熟练者。

➤ 操作要求：独立完成零件的钻、铣及镗削等工序并达到精度要求。

建议学时：6 学时。

4.2.2　任务 2　工作页

工作任务 2：车床主轴箱的工艺制订。

1. 学习目标

通过本任务的学习，应该能够：

① 选择合适的信息渠道收集所需的专业信息。

② 通过独立查阅《机械加工工艺手册》等相关手册，分析箱体的形状和结构特点、材料类型，计算毛坯成本，并与毛坯加工人员协作完成毛坯的制作。

③ 根据所学的机械设计等相关知识，通过图纸分析箱体类零件的功能及结构特点、主要技术要求、加工难点，指出哪些是关键尺寸？哪些是重要尺寸？

④ 阅读工作任务书，通过查阅技术与工艺手册，分析零件图纸，以合作的方式编制待加工零件的加工工艺，填写工艺文件。

⑤ 根据零件加工工艺选择合适的钻床、铣床、镗床及相应的刀具、夹具和量具。

⑥ 在老师的引导下独立完成平面及孔系的加工，并控制加工质量。

⑦ 检测加工质量，分析出现此种加工结果的原因（重点是镗削加工），找出提高加工质量、降低加工成本的途径与方法。

2. 背景材料

本零件考察的重点为箱体上大直径孔系的加工。

箱体类零件通常重量较重，且在其同一表面或不同表面上，分布着孔距和位置精度要求较严格的大直径孔系。它们不仅有较高的尺寸和形状精度要求，而且相互之间有着较严格的位置精度（如同轴度、平行度、垂直度）要求。所以很适合采用镗削加工，除此之外，有些也采用数控技术加工。

镗孔之前的预制孔可以是铸孔，也可以是初钻后的孔。

箱体材料一般选用 HT200～400 各种牌号的灰铸铁，最常用的为 HT200。灰铸铁不仅成本低，而且具有较好的耐磨性、可铸性、可切削性和阻尼特性。在单件生产或生产某些简易机床的箱体时，为了缩短生产周期和降低成本，可采用钢材焊接结构。此外，精度要求较高的坐标镗床主轴箱则选用耐磨铸铁。负荷大的主轴箱也可采用铸钢件。

毛坯的加工余量与生产批量、毛坯尺寸、结构、精度和铸造方法等因素有关。有关数据可查有关资料及根据具体情况决定。

毛坯铸造时,应防止砂眼和气孔的产生。为了减少毛坯制造时产生残余应力,应使箱体壁厚尽量均匀,箱体浇铸后应安排时效或退火工序。

3. 工作过程

① 阅读任务书,分析待加工车床主轴箱的结构和技术要求,并将分析结果分别填入表 4-14 和表 4-15 中。

表 4-14　车床主轴箱的结构分析

几何结构要素	整体结构特征	结构工艺评价

表 4-15　车床主轴箱的技术要求分析

几何要素	尺寸及公差	位置公差	表面粗糙度

② 通过对零件进行结构分析,说明:其加工难点是什么? 哪些内容可能会产生不合格件? 如何解决? 将难点和解决措施填入表 4-16 中。

表 4-16　加工难点和解决措施

序　号	加工难点	解决措施
1		
2		
⋮		
n		

③ 准备好刀具、夹具、量具、材料、辅料。

④ 确定零件的加工方案。每个人都制订 2 个及以上加工方案,然后小组讨论每个加工方案,并将各个方案的分析比较填入表 4-17 中。

方案 1:请自主设计一张表格来表述加工方案 1。

方案 2:请自主设计一张表格来表述加工方案 2。

表 4 - 17   各种方案比较

方 案	优 点	缺 点
方案 1		
方案 2		
⋮		
方案 n		

⑤ 小组汇报。汇报本小组箱体类零件的加工工艺方案与步骤。每个小组将组内每个成员的工艺方案经讨论汇总,得出本小组的多个方案,由小组成员的一位代表在全班进行汇报。

⑥ 将多个方案在进行反复比较与论证的基础上,确定一个最优化的工艺方案。

提示 确定最优化的方案要考虑的主要问题有:

➤ 工艺方案的可行性。

➤ 加工成本(经济性)。

➤ 满足技术要求的可能性。

➤ 机床、刀具、夹具等的现状。

⑦ 综合前述的结果,规划加工工艺。将规划的每个工序的工序图绘制出来。

⑧ 制订所要加工的加工工艺,填写相应的工艺文件。

⑨ 总结零件图中几种大直径孔的加工方法。主要包括:加工方法选择、加工顺序安排、工装夹具选择。

⑩ 按照相应的工艺文件加工零件。

➤ 与铸造车间师傅共同完成零件的铸造及热处理。

➤ 铣顶面(注意定位基准的选择)。

➤ 钻、扩、铰小径孔(注意定位基准的选择)。

➤ 铣两端面 E、F,前面 D,导轨面 B、C(注意定位基准的选择)。

➤ 磨顶面 A(注意定位基准的选择)。

➤ 铣顶面(注意定位基准的选择)。

➤ 粗/精镗各大直径孔(注意定位基准的选择和精度要求)。

➤ 磨 B、C 及前面 D。

➤ 扩孔。

➤ 清洗、去毛刺、倒角。

➤ 检验。

➤ 维护机床。

⑪ 对照零件图纸,将检测的尺寸公差、形状公差、位置公差、技术要求等检测结果填入表 4 - 18 中。

⑫ 在加工质量检测的基础上分小组讨论。与图纸要求相比,哪些不能满足要求?哪些超过技术要求?原因是什么?将讨论结果填入表 4 - 19 加工质量分析表中。

表 4-18　车床主轴箱加工结果检测表

序　号	检测项目	图纸要求	实际检测结果	备　注
1				
2				
3				
⋮				
n				

表 4-19　加工质量分析表

序　号	不合格项目	质量优良项目	原　因
1			
2			
3			
⋮			
n			

⑬ 评价。按评价表的评价项目、评价标准和评价方式,对完成本学习与工作任务的过程与结果进行评价。

4.2.3　知识链接

1. 镗削加工

镗削加工是镗刀旋转做主运动,工件或镗刀作进给运动的切削加工方法。镗孔时把工件上的预制孔扩大到一定尺寸,使之达到所要求的精度、表面粗糙度,且还能保证孔轴线的平行度、垂直度和同轴度。镗削能达到的尺寸精度为 IT8~IT7,表面粗糙度 Ra 为 1.6~0.8 μm,孔距精度可达到 ±0.04~±0.01 mm。若用坐标镗床加工,则能达到更高的精度。

镗削加工具有以下特征:

① 镗削刀具作回转运动,工作平稳,且可采用浮动镗刀块进行镗削。加工精度较高,用于有孔距精度要求的孔系加工。

② 镗刀结构具有孔径精密调整机构,特别适用于精密长孔和大孔的孔系加工。

③ 镗削使用镗杆和支承,适用于加工大型零件、箱体零件和非回转体异形零件的孔系。

要了解镗削运动和加工范围,首先要了解镗床。

(1) 镗　床

镗床工作较灵活,精度较高,容易保证大型零件上孔与孔、孔与基准面的平行度、垂直度以及孔的同轴度和中心距尺寸精度等要求。常见镗床类型如下:

① 卧式铣镗床。图 4-16 所示为卧式铣镗床外形图。它是加工大、中型非回转零件上孔系及其端面的通用机床,主要用于加工机座、箱体和支架等。

② 坐标镗床。坐标镗床是一种高度精密的机床,主要用于尺寸精度和位置精度都要求很

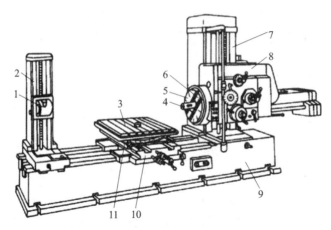

1—支承架;2—后立柱;3—工作台;4—主轴;5—平旋盘;6—径向刀架;
7—前立柱;8—主轴箱;9—床身;10—下滑座;11—上滑座

图 4-16　卧式铣镗床外形

高的孔系加工,例如钻模、镗摸和量具上的精密孔系。机床上具有坐标位置的精密测量装置,因此能精确地确定工作台、主轴箱等移动部件的位移量,实现工件和刀具间精确的坐标定位,故称为坐标镗床。坐标镗床除镗孔外,还可进行钻、扩和铰孔、精铣等,以及用于精密刻度、样板画线、孔距和直线尺寸的精密测量等。

　　图 4-17 所示为立式坐标镗床的外形。其主轴立式布置,与工作台台面垂直。工作台 1 在床鞍 5 上纵向移动、床鞍 5 在床身 6 上横向移动和主轴 2 在主袖箱 3 中的垂直移动构成三坐标。一般前二者移动的刻度值为 0.001 mm,后者移动的刻度值为 0.01 mm。主轴箱 3 在立柱 4 的垂直导轨上可上下调整位置,以适应加工不同高度的工件。单柱坐标镗床的工作台三面敞开,操作方便,但主轴箱悬臂安装刚度较差,一般只用于中、小型机床。大型的坐标镗床制成双柱龙门结构。

　　图 4-18 所示为卧式坐标镗床的外形。其主轴水平布置,与工作台台面平行。这类坐标镗床具有较好的工艺性能:工件高度不受限制,且安装方便;利用回转工作台 2 的分度运动,可在工件一次安装中完成几个面上孔与平面的加工。

　　③ 铣镗加工中心。铣镗加工中心是计算机数控的、具有刀库的、自动换刀的铣镗床。这是一种高度自动化的多工序机床。一般它有储存几十把刀具的刀库,刀库中的刀具已根据工件的加工工艺要求事先精确调整好,可用机械手按数控程序自动更换,完成各道工序的加工。工件一次安装后,加工中心能自动连续地对工件的各加工面进行镗、铣、钻、锪绞和攻螺纹等多种工序加工。

　　(2) 镗　刀

　　镗刀是指在镗床、车床、铣床、组合机床以及加工中心上用于镗孔的刀具。

　　1) 镗刀的类型

　　镗床上常用的镗刀有单刃镗刀和双刃镗刀两种。

　　① 单刃镗刀。图 4-19(a)所示为悬伸式单刃镗刀,其锥柄插入镗床主轴前端锥孔内。图 4-19(b)所示为镗杆上使用的单刃镗刀。它们都靠调节小刀后面的螺钉来控制镗孔的尺寸,操作技术水平要求较高。

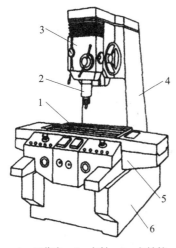

1—工作台；2—主轴；3—主轴箱；
4—立柱；5—床鞍；6—床身

图 4-17　立式单柱坐标镗床

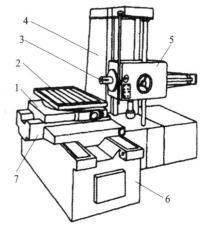

1—上滑座；2—回转工作台；3—主轴；4—立柱；
5—主轴箱；6—床身；7—下滑座

图 4-18　卧式坐标镗床

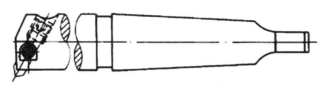

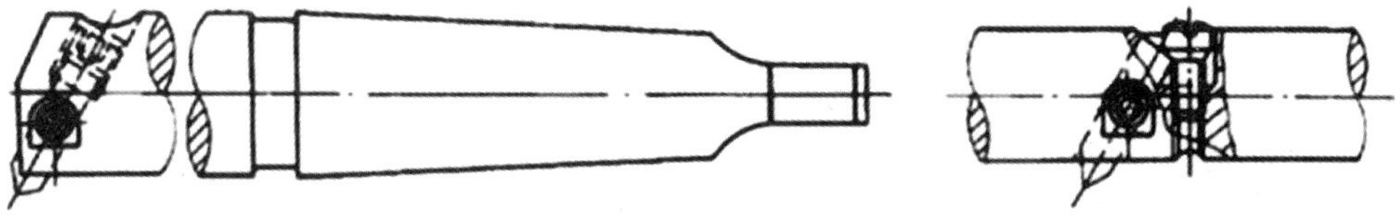

(a) 悬伸式单刃镗刀　　　　　　　　　(b) 镗杆上使用的单刃镗刀

图 4-19　单刃镗刀

② 双刃镗刀。双刃镗刀有固定式镗刀块和浮动镗刀两种。

固定式镗刀块：高速钢固定式镗刀块如图 4-20 所示。也可制成焊接式或可转位硬质合金镗刀块。镗刀块可通过斜楔或两个方向倾斜的螺钉夹紧在镗杆上(见图 4-21)。

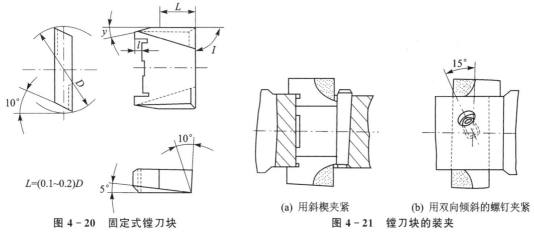

$L=(0.1\sim0.2)D$

图 4-20　固定式镗刀块

(a) 用斜楔夹紧　　　(b) 用双向倾斜的螺钉夹紧

图 4-21　镗刀块的装夹

浮动镗刀：浮动镗刀(见图 4-22)装入镗杆的矩形孔中，无须夹紧，通过作用在两切削刃上的切削力来自动平衡其切削位置。因此，它能避免刀具安装误差与机床主轴偏差造成的加工误差,能镗出 IT7~IT6 级的孔。加工铸铁时,表面粗糙度 Ra 能达 0.8~0.2 μm;加工钢时 Ra 可达 1.6~0.4 μm。但它不能纠正孔的直线性误差和位置误差,因此要求预制孔直线性好,位置精确。

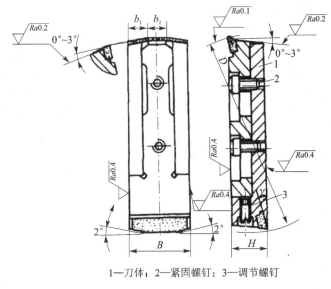

1—刀体;2—紧固螺钉;3—调节螺钉

图 4-22 浮动镗刀

2)镗刀的选择

镗刀就其切削部分而言,与外圆车刀没有本质的区别,但由于其工作条件较差,为保证镗孔时的加工质量,在选择和设计镗刀时,应满足下列要求:

➤ 镗刀和镗杆要有足够的刚度。

➤ 镗刀在镗杆上既夹持牢固,又装卸方便,便于调整。

➤ 有可靠的断屑和排屑措施,确保切屑顺利折断和排出。

(3)镗床夹具

镗床夹具又称镗模。它与钻床夹具比较相似,除有夹具的一般元件之外,也采用了引导刀具的导套(镗套)。镗套也是按照工件被加工孔系的坐标,布置在一个或几个导向支架(镗模架)上。镗模的主要任务是保证箱体类工件孔及孔系的加工精度。采用镗模,可以不受镗床精度的影响而加工出有较高精度要求的工件。镗模不仅广泛用于镗床和组合机床上,也可以在一般通用机床(例如车床、铣床、摇臂钻床等)上用来加工有较高精度要求的孔及孔系。

1)镗床夹具的分类及其结构形式

按所使用的机床类别,镗床夹具可分为万能镗床用的,多轴组合机床用的,精密镗床用的,以及一般通用机床用的。

按所使用的机床形式可分为卧式的和立式的。

按镗套位置可分为镗套位于被加工孔前方的(见图 4-23)、镗套位于被加工孔后方的、镗套在被加工孔前后两方的以及没有镗套的。

2)镗套的结构形式

镗套的结构和精度直接影响到被加工孔的加工精度和表面粗糙度。镗套的结构形式,根据运动形式不同,一般分为两类:

① 固定式镗套（GB2266—80）。如图 4 - 24 所示，这种镗套的结构与钻模的钻套相似，它固定在镗模的导向支架上，不能随镗杆一起转动。刀具或镗杆本身在镗套内，既有相对转动又有相对移动。由于它具有外形尺寸小、结构简单、中心位置准确等优点，所以在一般扩孔、镗孔（或铰孔）中得到广泛的应用。

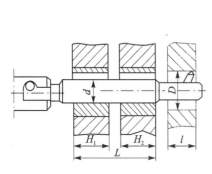

图 4 - 23　单面双导向镗孔示意图

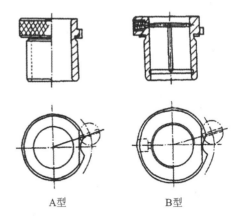

A型　　　　B型

图 4 - 24　固定式镗套

这种镗套的磨损较严重，为了减轻镗套与镗杆工作表面的磨损，可以采用以下措施：

➤ 镗套的工作表面开设油槽（直槽或螺旋槽），润滑油从导向支架上的油杯滴入。

➤ 在镗杆上滴油润滑或在镗杆上开油槽（直槽或螺旋槽）。

➤ 在镗杆上镶淬火钢条，这种结构的镗杆与镗套的接触面不大，工作情况较好。

➤ 镗套上自带润滑油孔，用油枪注油润滑（见图 4 - 24 中的 B 型固定式镗套）。

➤ 选用耐磨的镗套材料，例如青铜、粉末冶金等。

② 回转式镗套。当采用高速镗孔，或镗杆直径较大、线速度超过 0.3 m/s 时，一般采用回转式镗套。这种镗套的特点是，刀杆本身在镗套内只有相对移动而无相对转动。因而，这种镗套与刀杆之间的磨损很小，避免了镗套与镗杆之间因摩擦发热而产生"卡死"的现象。但对回转部分的润滑应能充分保证。

根据回转部分安装的位置不同，可分为"内滚式回转镗套"和"外滚式回转镗套"。图 4 - 25所示为在同一根镗杆上采用两种回转式镗套的结构。图中的后导向 a 采用的是内滚式镗套，前导向 b 采用的是外滚式镗套。

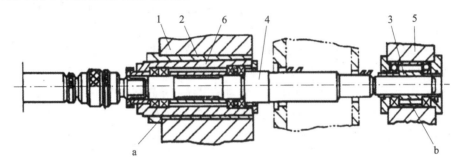

1，5—导向支架；2，3—导套；4—镗杆；6—导和滑动套

图 4 - 25　回转式镗套

内滚式镗套是把回转部分安装在镗杆上，使其成为整个镗杆的一部分。由于它的回转部分装在导向滑动套 6 的里面，因此称内滚式。安装在夹具导向支架上的导套 2 固定不动，它与导向滑动套 6 只有相对移动，没有相对转动，镗杆和轴承的内环一起转动。

外滚式镗套的回转部分安装在导向支架 5 上。在导套 3 上装有轴承，导套在轴承上转动，镗杆 4 在导套内只作相对移动而无相对转动。由于这种镗套的回转部分装在导套的外面，因此称外滚式。

上述两种镗套的回转部分可以是滑动轴承或滚动轴承，因此，又可把回转式镗套分为滑动回转镗套和滚动回转镗套。

（4）镗削工艺

在镗床上可进行多种工序的加工，并能在一次安装中完成工件的粗加工、半精加工和精加工，因此它适合于单件、小批量生产。

镗孔的质量主要取决于机床的精度，因而对机床，特别是镗床的性能和精度要求较高。若在低精度镗床上加工精度较高的孔系，则要使用镗模夹具。

进行镗削加工时，工件在工作台上的位置，应尽量靠近主轴箱安装。装夹刚性差的工件时，应加辅助支承，并夹紧力要适当。

镗孔时应将回转台、主轴箱位置锁紧。在镗铸、锻件毛坯孔前，应先将孔端口倒角。在孔内镗环形槽（退刀槽除外）时，应在精镗孔前镗槽。镗削有位置精度要求的孔系时，应先镗基准孔，再按此基准依次加工其余各孔。用悬伸镗刀杆镗削深孔或镗削距离较大的内轴孔时，镗刀杆的悬伸长度不宜过长，否则应在适当的位置增加辅助支承或用后立柱支承。在镗床工作台上将工件调头镗时，在调头前应在工作台或工件上做出辅助定位面，以便调头后找正定位面。精镗孔时，应先试镗，测量合格后才能继续加工。在镗床上用铰刀精铰孔时，钻孔之后要经过镗孔才能接着铰孔。使用带导柱铰刀时，必须注意导柱部分的清洁和润滑，防止卡死。使用浮动铰刀时，必须注意刀体在刀杆方孔内浮动要灵活，镗刀杆和镗套之间润滑要充分。镗不通孔或台阶孔时，走刀终了应稍停片刻再退刀。在精密坐标镗床上加工时，应严格控制室温和工艺系统的精度。

2. 磨削加工

（1）平面磨削加工工艺特点

在磨削钢、铸铁等磁性材料工件的平面时，均使用磁性工作台安装工件。这样操作简便，容易保证磨削表面的平行度要求。当磨削非磁性材料的工件时，工件常装夹在平口钳中（见图 4 - 26(a)），而平口钳则被吸在磁性工作台上。精密平口钳可一次装夹工件磨出两个互相垂直的平面（见图 4 - 26(b)）。

当用磁性工作台磨削小件、薄壁件时，要将工件跨在磁性工作台的绝磁层上，并在工件周围用面积较大的铁条围住（见图 4 - 27），以防工件移动。

用磁性工作台磨垂直平面和斜面时，可分别采用导磁角铁（见图 4 - 28）、导磁 V 形铁和导磁角座（见图 4 - 29）。它们都由间隔放置的低碳钢板和紫铜板用铜螺栓、螺母紧固在一起制成，能使磁力线从磁性工作台传来吸住工件。

（2）平面磨床

平面磨床包括：卧轴矩台平面磨床、立轴矩台平面磨床、卧轴圆台平面磨床和立轴圆台平面磨床等。

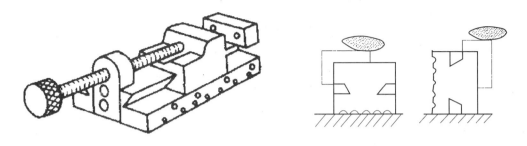

(a) 平口钳　　　　　　　　　　　　(b) 一次磨削两垂直表面

图 4-26　用精密平口钳安装工作

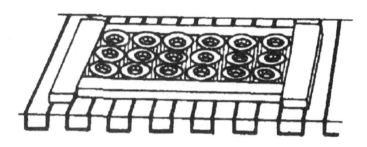

图 4-27　在电磁工作台上磨削小面积工件时周围要用铁条围住

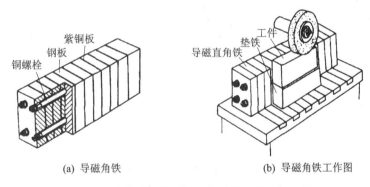

(a) 导磁角铁　　　　　　　　　　(b) 导磁角铁工作图

图 4-28　用导磁角铁吸住工件磨削相互垂直的平面

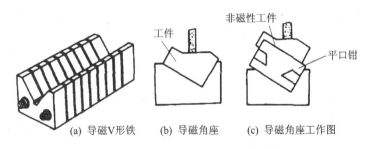

(a) 导磁V形铁　　(b) 导磁角座　　(c) 导磁角座工作图

图 4-29　用导磁 V 形铁、导磁角座磨削斜面

1）卧轴矩台平面磨床

图 4-30 所示为卧轴矩台平面磨床的外形。它由砂轮架 1、滑鞍 2、立柱 3、工作台 4 及床

身 5 等主要部件组成。

砂轮架中的主轴(砂轮)常由电机直接带动旋转完成主运动。砂轮架 1 可沿滑鞍的燕尾导轨做周期横向进给运动(可手动或液动)。滑鞍和砂轮架可一起沿立柱的导轨做周期的垂直切入运动(手动)。工作台沿床身导轨做纵向往复运动(液动)。卧轴矩台平面磨床也有采用十字导轨式布局的,工作台装于床鞍,除做纵向往复运动外,还随床鞍一起沿床身导轨做周期的横向进给运动,砂轮架只做垂直进给运动。为减轻工人劳动强度和辅助时间,有些机床具有快速升降功能,用于实现砂轮架的快速机动调位运动。

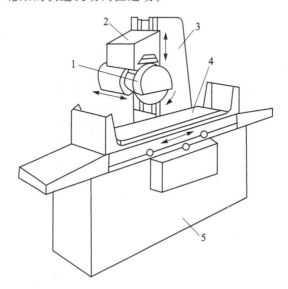

1—砂轮架;2—滑鞍;3—立柱;4—工作台;5—床身

图 4 - 30　卧轴矩台平面磨床

2) 立轴圆台平面磨床

图 4 - 31 所示为立轴圆台平面磨床外形。它由砂轮架 1、立柱 2、床身 3、工作台 4 和床鞍 5 等主要部件组成。

砂轮架中的主轴由电机直接驱动,砂轮架可沿立柱的导轨做周期的垂直切入运动,圆工作台旋转做周期进给运动,同时还可沿床身导轨做纵向移动,以便于工件的装卸。

(3) 砂　轮

砂轮是结合剂将磨粒固结成一定形状的多孔体(见图 4 - 32)。要了解砂轮的切削性能,必须研究砂轮的各组成要素。

1) 砂轮的组成要素

① 磨料。磨料分为天然磨料和人造磨料两大类。一般天然磨料含杂质多,质地不匀。天然金刚石虽好,但价格昂贵。所以,目前主要采用人造磨料。常用人造磨料有:棕刚玉(A)、白刚玉(WA)、铬刚玉(PA)、黑碳化硅(C)、绿碳化硅(GC)、人造金刚石(MBD 等)和立方氮化硼(CBN)。

② 粒度。粒度是指磨粒的大小。粒度有两种表示方法。对于用筛选法来区分的较大的磨粒(制砂乾用),以每英寸筛网长度上筛孔的数目表示。例如 46$^{\#}$ 粒度表示磨粒刚能通过每英寸 46 格的筛网。所以粒度号越大,磨粒的实际尺寸越小。对于用显微镜测量来区分的微细

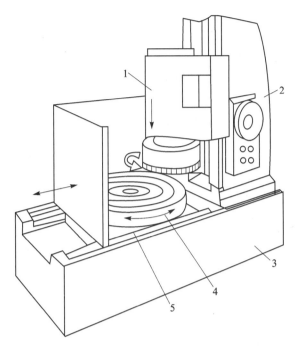

1—砂轮架；2—立柱；3—床身；4—工作台；5—床鞍

图 4-31　立轴圆台平面磨床

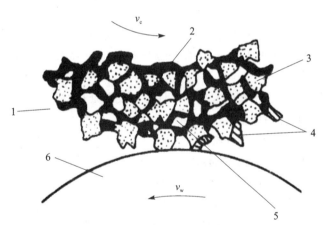

1—砂轮；2—结合剂；3—磨粒；4—磨屑；5—气孔；6—工件

图 4-32　砂轮的构造

磨粒(称微粉,供研磨用),以其最大尺寸(单位为 μm)前加 W 表示,如 W10、W7 等。

③ 结合剂。把磨粒固结成磨具的材料称为结合剂。结合剂的性能决定了砂轮的强度,耐冲击性、耐腐蚀性和耐热性。此外,结合剂对磨削温度和磨削表面质量也有一定的影响。

④ 硬度。磨粒在外力作用下从磨具表面脱落的难易程度称为硬度。砂轮的硬度反映结合剂固结磨粒的牢固程度。

⑤ 组织。组织表示砂轮中磨料、结合剂和气孔间的体积比例。根据磨粒在砂轮中占有的体积百分数(称磨料率),砂轮可分为 0~14 组织号。组织号从小到大,磨料率由大到小,气孔

率由小到大。组织号大,砂轮不易堵塞,切削液和空气容易带入磨削区域,可降低磨削温度,减少工件变形和烧伤,也可提高磨削效率。但组织号大,不易保持砂轮的轮廓形状。

2)砂轮的形状、尺寸和代号

为了适应在不同类型磨床上的各种使用需要,砂轮有许多种形状。常用的砂轮形状、代号和用途可查 GB/T2484—94。

砂轮的代号印在砂轮端面上。其顺序是:形状代号、尺寸、磨料、粒度号、硬度、组织号、结合剂和允许的最高线速度。例如:

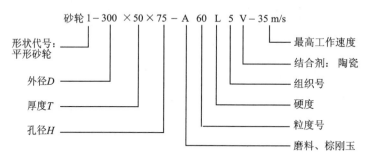

3)普通砂轮的选择

砂轮是磨削加工必不可少的一种工具,砂轮选择得适宜与否,是影响磨削质量,磨削成本的主要前提。

砂轮的品种很多,并有各种外形和尺寸。因为砂轮的磨料、结合剂材料以及砂轮的制造工艺不同,所以各种砂轮具有不同的任务功能,磨削加工时,必须依据详细状况(例如所磨工件的材料性质、热处置方法、工件外形、尺寸及加工方式和技能要求等),选用适宜的砂轮。否则会因砂轮选择欠妥而直接影响加工精度、表面粗糙度以及生产效率。下面列出砂轮选择的基本准则以供参考。

① 磨料的选择。磨料选择首先取决于工件材料及热处理方法。

i. 磨抗张强度高的,选用韧性大的磨料。

ii. 磨硬度低,延长率大的,选用较脆的磨料。

iii. 磨硬度高的,选用硬度更高的磨料。

iv. 选用不易与被加工材料发生化学反应的磨料。

最常用的磨料是棕刚玉(A)和白刚玉(WA),其次是黑碳化硅(C)和绿碳化硅(GC),其他常用的还有铬刚玉(PA)、单晶刚玉(SA)、微晶刚玉(MA)、锆刚玉(ZA)。

棕刚玉砂轮:棕刚玉的硬度高,韧性大,适合磨削抗拉强度较高的金属,例如碳钢、合金钢、可锻铸铁、硬青铜等。这种磨料的磨削功能好,顺应性广,常用于切除较大余量的粗磨,价钱便宜,运用普遍。

白刚玉砂轮:白刚玉的硬度略高于棕刚玉,韧性则比棕刚玉低,在磨削时,磨粒容易碎裂,因而,磨削热量小,适合制造精磨淬火钢、高碳钢、高速钢以及磨削薄壁零件用的砂轮,价钱比棕刚玉高。

黑碳化硅砂轮:黑碳化硅性脆而尖利,硬度比白刚玉高,适于磨削机械强度较低的材料,例如铸铁、黄铜、铝和耐火材料等。

绿碳化硅砂轮:绿碳化硅硬度、脆性较黑碳化硅高,磨粒尖利,导热性好,适合于磨削硬质合金、光学玻璃、陶瓷等硬脆材料。

铬刚玉砂轮：适于磨削刀具，量具、仪表、螺纹等外表加工质量要求高的工件。

单晶刚玉砂轮：适于磨削不锈钢、高钒、高速钢等韧性大、硬度高的材料及易变形烧伤的工件。

微晶刚玉砂轮：适于磨削不锈钢、轴承钢和特种球墨铸铁等，可用于成形磨，切入磨，镜面磨削。

锆刚玉砂轮：适于磨削奥氏体不锈钢、钛合金、耐热合金，特别适于重负荷磨削。

② 粒度的选择。粒度的选择首要取决于被磨削工件的外表粗糙度和磨削效率。

粒度是指磨料的颗粒尺寸。用粗粒度砂轮磨削时，生产效率高，但磨出的工件外表较粗糙；用细粒度砂轮磨削时，磨出的工件外表面质量较好，但生产率较低。在满足粗糙度要求的前提下，应尽量选用粗粒度的砂轮，以保证较高的磨削效率。普通粗磨时选用粗粒度砂轮，精磨时选用细粒度砂轮。

当砂轮和工件接触面积较大时，要选用粒度粗一些的砂轮。例如，磨削一样的平面，用砂轮的端面磨削比用砂轮的周边磨削选的粒度要粗些。

③ 硬度的选择。硬度的选择取决于被磨削的工件材料、磨削效率和加工表面质量。

砂轮硬，是指磨粒被固结得牢，不易脱落；砂轮软，是指磨粒被固结得不太牢，容易脱落。砂轮的硬度对磨削生产率和磨削表面质量都有很大的影响。如果砂轮太硬，磨粒磨钝后仍不能脱落，则磨削生产率很低，工件表面粗糙，并可能被烧伤。如果砂轮太软，磨粒未磨钝已从砂轮上脱落，则砂轮损耗大，形状不易保持，影响工件质量。砂轮的硬度合适，磨粒磨钝后会因磨削力增大而自行脱落，使新的锋利的磨粒露出。若砂轮具有自锐性，则磨削效率高，工件表面质量好，砂轮的损耗也小。

砂轮硬度选择，可参考以下准则：

i. 磨削软材料时要选较硬的砂轮，磨削硬材料时则要选软砂轮。

ii. 磨削软而韧性大的有色金属时，硬度应选得软一些。

iii. 磨削导热性差的材料应选较软的砂轮。

iv. 端面磨比圆周磨削砂轮硬度软。

v. 在相同的磨削前提下，用树脂结合剂砂轮比陶瓷结合剂砂轮的硬度要高 1～2 小级。

vi. 砂轮旋转速度高时，砂轮的硬度可选软 1～2 小级。

vii. 用冷却液磨削要比干磨时的砂轮硬度高 1～2 小级。

④ 结合剂的选择。结合剂的选择应依据磨削办法，运用速度和表面加工要求等前提予以考虑。

最常用的砂轮结合剂有：陶瓷结合剂（V）和树脂结合剂（B）。

陶瓷结合剂是一种无机结合剂，化学性能不变、耐热、抗侵蚀性好，气孔率大，这种结合剂制造的砂轮磨削效率高、磨耗小，能较好地保持砂轮的几何外形，使用范围广。其适于磨削碳钢、合金钢、不锈钢、铸铁、硬质合金、有色金属等。然而，陶瓷结合剂砂轮脆性较大，不能承受猛烈的振动，通常只能在 35 m/s 以下的速度下运用。

树脂结合剂是一种有机结合剂，用这种结合剂制造的砂轮强度高，具有必然的弹性，耐热性低，自锐性好，制造简洁，工艺周期短。可用于制造任务速度高于 50 m/s 的砂轮和很薄的砂轮。它的使用局限仅次于陶瓷结合剂，普遍用于粗磨、割断等，例如磨钢锭，铸件打毛刺等。

⑤ 组织的选择。组织的选择首要考虑的是工件所受的压力、磨削办法、工件材质等。

组织是指砂轮中磨粒所占砂轮体积的百分比。砂轮组织品级的划分是以 62% 的磨粒体积百分数为"0"号组织,磨粒体积每减 2%,其组织添加一号,依此类推,共分 15 个号。号数越大,组织越松。

组织严密的砂轮能磨出较好的工件表面质量,组织松散的砂轮,因空隙大,可以在磨削进程中包容磨屑,防止砂轮梗塞。粗磨和磨削较软金属时,砂轮易梗塞,应选用松散组织的砂轮;成形磨削和精细磨时,为保持砂轮的几何外形和获得较好的粗糙度,应选用较严密组织的砂轮;磨削机床导轨和硬质合金工件时,为减少工件热变形,防止烧伤裂纹,宜采用松组织的砂轮;磨削热敏性大的材料、有色金属、非金属材料宜采用大于 $12^\#$ 组织的砂轮。

⑥ 外形和尺寸的选择。外形和尺寸的选择应依据磨床和工件外形来选择。

常用的砂轮外形有:平形砂轮(P)、单面凹砂轮(PDA)、双面凹砂轮(PSA)、薄片砂轮(PB)、筒形砂轮(N)、碗形砂轮(BW)、碟形一号砂轮(D1)等。每种磨床所能运用的砂轮外形和尺寸都有必然的局限。在可能的前提下,砂轮的外径应尽可能选得大一些,以提高砂轮的线速度,取得较高的生产率和工件外表质量。砂轮宽度增加也可以取得相同的结果。

4) 金刚石砂轮的选择

金刚石砂轮比用碳化硼、碳化硅、刚玉等普通磨粒制成的砂轮刃角尖利,磨耗小,寿命长,生产率高,加工质量好,但价钱昂贵,因此适用于精磨硬质合金、陶瓷、半导体等高硬度、脆性难加工材料。

金刚石砂轮的特征包括:磨料品种、粒度、硬度、浓度、结合剂、砂轮外形及尺寸。

磨料:普遍来用人造金刚石(JR),依据其结晶外形和颗粒强度,分各类型号,可按其特定用处选择型号。

粒度:要以工件粗糙度、磨削生产率和金刚石的耗费三个方面综合思索。

硬度:主要是因为树脂结合剂,金刚石砂轮才有"硬度"这一特征。普遍采用 S(Y1)级或更高的。

结合剂:常用的结合剂有 4 种,其结合程度和耐磨性以树脂、陶瓷、青铜、电镀金属为序,顺次渐强。树脂结合剂金刚石砂轮磨削效率高,被加工工件的粗糙度好,自锐性好,不易梗塞,发烧量小,易修整,首要用于精磨工序。陶瓷结合剂金刚石砂轮首要用于各类非金属硬脆材料、硬质合金、超硬材料等的磨削。

浓度:浓度选择要根据砂轮的粒度、结合剂、外形、加工方法、生产效率及砂轮寿命的要求而定。高浓度金刚石砂轮易保持砂轮外形,低浓度砂轮磨削时,金刚石的耗费往往更低些,应依据需求酌情选择。

外形和尺寸:按工件的外形、尺寸和机床选用。

5) 立方氮化硼(CBN)砂轮的选择

立方氮化硼砂轮的立方氮化硼粘在普通砂轮的表面,立方氮化硼只有一薄层。立方氮化硼磨粒非常锋利又非常硬,其寿命为刚玉磨粒的 100 倍。立方氮化硼砂轮用于磨削超硬的、高韧性的、难加工的钢材,例如高钒高速钢、耐热合金等。立方氮化硼砂轮特别适合高速磨削和超高速磨削,但需采用经改制的特殊水剂切削液而不能采用普通的水剂切削液。

6) 大气孔砂轮的选择

大气孔砂轮在磨削时具有不易被梗塞的特点,适用于软金属以及塑料、橡皮和皮革等非金属材料的粗、精磨；另外，其具有散热快的特点，所以在磨削一些热敏性大的材料、薄壁工件和干磨工序中(例如刃磨硬质合金刀具和机床导轨等)具有优良的效果。

大气孔砂轮的磨料通常选用碳化物和刚玉等，例如常用的有黑碳化硅(C)、绿碳化硅(GC)和白刚玉(WA)等几种，这些磨料硬度高、性脆而尖利，具有优越的导热和导电功能。大气孔砂轮所选的磨料粒度为 $36^{\#} \sim 180^{\#}$；结合剂采用陶瓷结合剂；硬度为 G～M 各级；外形有：平形、杯形、碗形或碟形等；气孔尺寸约 0.7～1.4 mm。

4.2.4 学与练 主轴箱工艺规程制订

1. 零件工艺分析

主轴箱的加工表面包括上、下表面，粗糙度 Ra 值要求为 3.2 μm；上表面分布有 6 - M10 的螺纹孔。前表面粗糙度 Ra 值要求为 3.2 μm；其上有 2 - ϕ30 mm 和 ϕ24 mm 孔。左右表面粗糙度 Ra 值要求分别为 6.3 μm 和 3.2 μm；其上有各种尺寸的轴承孔，尺寸精度、形状精度、表面粗糙度要求较高，孔系还有平行度要求。

零件的加工应遵循基准统一的原则，使具有位置精度要求的大部分表面能使用同一个精基准加工，大批量生产采用一面两孔定位，有利于减少夹具的设计和制造工作量，降低成本。

2. 选择毛坯

零件材料为 HT200，大批量生产方式，铸造毛坯采用金属模机器造型。毛坯精度较高，可以减少加工余量，平面余量为 5～10 mm，孔在半径上的余量为 7～12 mm。直径超过 30 mm 的孔需要在毛坯上铸造出预孔。

3. 拟定工艺过程

大批量生产主轴箱的工艺过程如表 4 - 20 所示。

表 4 - 20 主轴箱加工工艺过程

序号	名称	工序内容	定位基准
1	铸	铸造	
2	热处理	时效	
3	漆	漆底漆	
4	铣	铣顶面	Ⅰ、Ⅱ轴上的铸造孔
5	钳	钻顶面上的孔	
6	铣	铣其余各面	一面两孔
7	磨	磨顶面	侧面
8	镗	粗镗纵向孔	一面两孔
9	镗	精镗纵向孔	一面两孔
10	钳	钻、扩横向孔	一面两孔
11	磨	磨其余各面	一面两孔
12	钳	顶面上的孔攻丝	Ⅰ、Ⅱ轴上的孔
13	钳	去毛刺、清洗	
14	检	检验、入库	

4. 确定切削用量

以工序 4 铣顶面为例。

查表 B-4 粗铣每齿进给量的推荐值,取每齿进给量为 0.2 mm,粗铣每走刀一次。背吃刀量为 3.5 mm。

查表 B-5 铣削速度的推荐值,取 v_c 为 90 m/min。

练一练

计算 $\phi 96K6$ 孔的工序尺寸、切削用量,完成工序 8 的机械加工工序卡。

4.3 任务 3

4.3.1 任务 3 工作任务书

(1)零件图纸

零件图纸:某型号产品减速器箱体。

学习情境 4 任务 3 零件图:如图 4-33~图 4-35 所示。

(2)工作任务描述

➤ 根据图 4-33~图 4-36 所示的零部件图分析其结构、技术要求、主要表面的加工方法,拟订加工工艺路线。

➤ 确定详细的工艺参数,编制工艺规程。

➤ 材料:钢板。

➤ 生产类型:单件小批量生产。

完成本任务学时建议 6 学时。

4.3.2 任务 3 工作页

1. 箱体类零件加工工艺分析

箱体的主要表面有平面和轴承支承孔。在主要平面的加工中,对于中、小件的加工,一般在牛头刨床或普通铣床上进行;对于大件的加工,一般在龙门刨床或龙门铣床上进行。刨削的刀具结构简单,机床成本低,调整方便,但生产率低;在大批量生产时,多采用铣削;当生产批量大且精度又较高时可采用磨削。单件小批生产精度较高的平面时,除一些高精度的箱体仍需手工刮研外,一般采用的是宽刃精刨;当生产批量较大或为保证平面间的相互位置精度时,可采用组合铣削和组合磨削。箱体支承孔的加工,对于直径小于 50 mm 的孔,一般不铸出,可采用钻—扩(或半精镗)—铰(或精镗)的方案;对于已铸出的孔,可采用粗镗-半精镗-精镗(用浮动镗刀片)的方案。由于主轴轴承孔精度和表面质量要求比其余轴孔高,所以,在精镗后,还要用浮动镗刀片进行精细镗。对于箱体上的高精度孔,最后精加工工序也可采用珩磨、滚压等工艺方法。

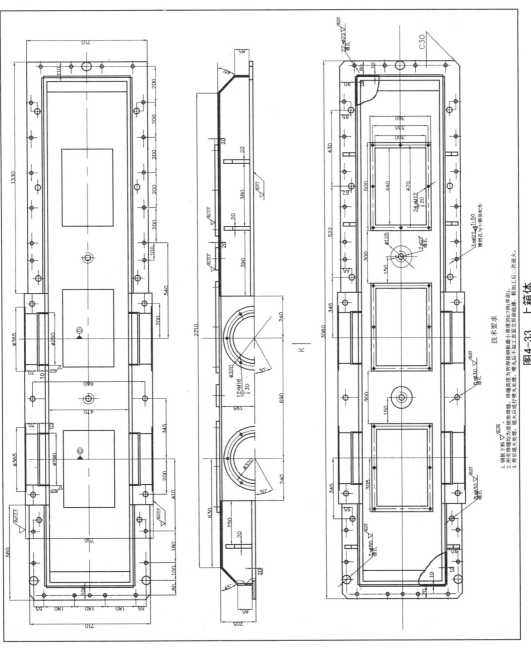

图4-33　上箱体

技术要求

1. 钢板下料▽▽。
2. 所有焊缝均为连续角焊缝，焊缝高度为所接钢板最小厚度的0.7倍(单面)。
3. 焊后退火处理，退火后进行喷丸处理，喷丸后立即表面加工表面不加工表面喷底漆，用加工后二次退火。

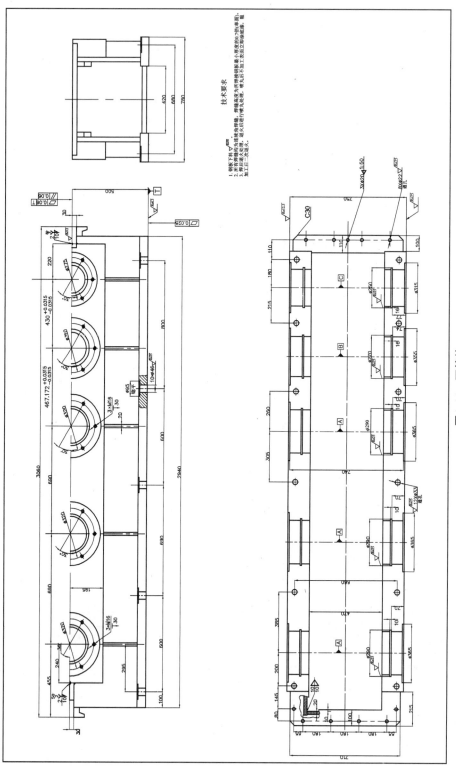

图4-34 下箱体

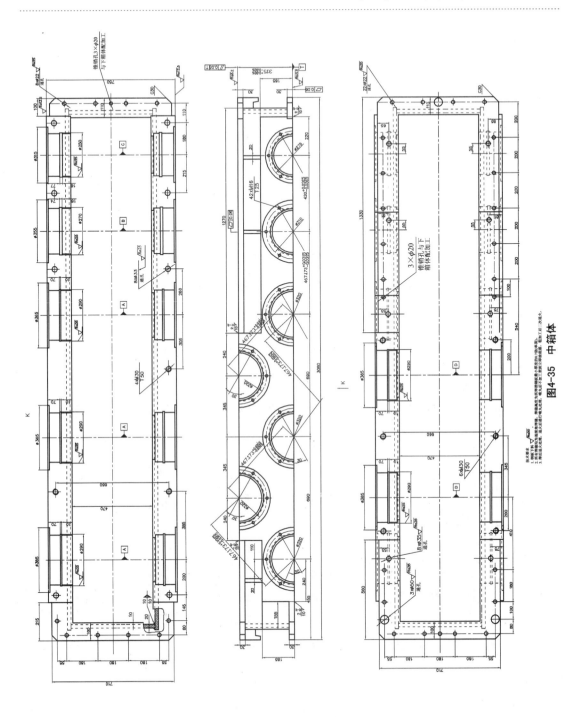

图4-35 中箱体

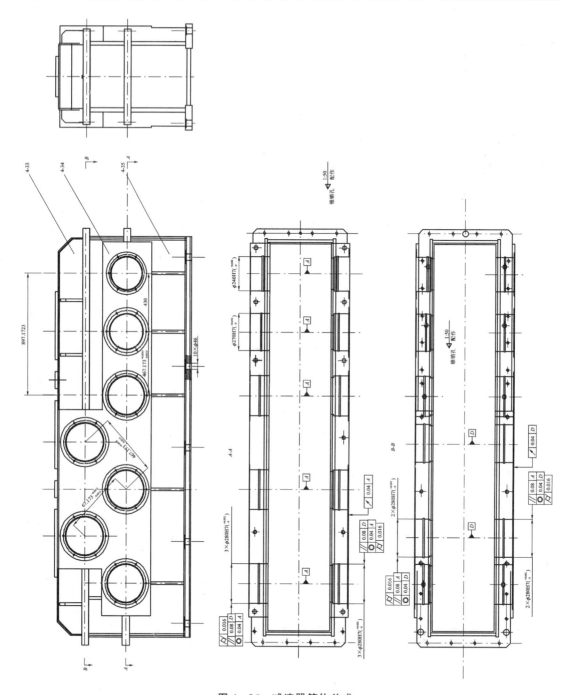

图 4-36　减速器箱体总成

2. 拟定工艺过程的原则

（1）先面后孔的加工顺序

箱体主要是由平面和孔组成，这也是其主要表面。先加工平面，后加工孔，是箱体加工的一般规律。因为主要平面是箱体在机器上的装配基准，所以先加工主要平面后加工支承孔，可使定位基准与设计基准和装配基准重合，从而消除因基准不重合而引起的误差。另外，先以孔为粗基准加工平面，再以平面为精基准加工孔，可为孔的加工提供稳定可靠的定位基准，并且在加工平面时切去了铸件的硬皮和凹凸不平，对后序孔的加工有利，可减少钻头引偏和崩刃现象，对刀调整也比较方便。

（2）粗、精加工分阶段进行

粗、精加工分开的原则：对于刚性差、批量较大、要求精度较高的箱体，一般要粗、精加工分开进行，即在主要平面和各支承孔的粗加工之后再进行主要平面和各支承孔的精加工。这样，可以消除由粗加工所造成的内应力、切削力、切削热、夹紧力对加工精度的影响，并且有利于合理地选用设备等。

由于粗、精加工分开进行，会使机床、夹具的数量及工件安装的次数增加，从而使成本提高，因此对单件、小批生产，精度要求不高的箱体，经常将粗、精加工合并在一道工序进行，但必须采取相应措施，以减少加工过程中的变形。例如粗加工后松开工件，让工件充分冷却，然后用较小的夹紧力，以较小的切削用量，多次走刀进行精加工。

（3）合理安排热处理工序

为了消除铸造后铸件中的内应力，应在毛坯铸造后安排一次人工时效处理，有时甚至在半精加工之后还要再安排一次时效处理，以便消除残留的铸造内应力和切削加工时产生的内应力。对于非常精密的箱体，在机械加工过程中还应安排较长时间的自然时效（如坐标镗床主轴箱箱体）。箱体人工时效的方法，除加热保温外，也可采用振动时效。

3. 定位基准的选择

（1）粗基准的选择

在选择粗基准时，通常应满意以下几点要求：

① 在保证各加工面均有余量的前提下，应使重要孔的加工余量均匀，孔壁的厚薄尽量均匀，其余部位均有适当的壁厚。

② 装入箱体内的回转零件（例如齿轮、轴套等）应与箱壁有足够的间隙。

③ 注重保持箱体必要的外形尺寸。此外，还应保证定位稳定，夹紧可靠。

为了满意上述要求，通常选用箱体重要孔的毛坯孔作为粗基准。由于铸造箱体毛坯时，其主轴孔、其他支承孔及箱体内壁的型芯是装成一整体放入的，它们之间有较高的相互位置精度，因此不仅可以较好地保证轴孔和其他支承孔的加工余量均匀，而且还能较好地保证各孔的轴线与箱体不加工内壁的相互位置，避免装入箱体内的齿轮、轴套等旋转零件在运转时与箱体内壁相碰。

生产类型不同，实现以主轴孔作为粗基准的工件安装方式也不同。大批量生产时，由于毛坯精度高可以直接用箱体上的重要孔在专用夹具上定位，因而工件安装迅速，生产率高。在单件、小批及中批生产时，一般毛坯精度较低，按上述办法选择粗基准，往往会造成箱体外形偏斜，甚至局部加工余量不够，因此通常采用画线找正的办法进行第一道工序的加工，即以主轴孔及其中心线为粗基准对毛坯进行画线和检查，必要时予以纠正，纠正后孔的余量应足够，但不一定均匀。

（2）精基准的选择

为了保证箱体零件孔与孔、孔与平面、平面与平面之间的相互位置和距离尺寸精度,箱体类零件精基准的选择常用 2 种原则：基准统一原则、基准重合原则。

① 基准统一原则(一面两孔)。在多数工序中,箱体利用底面(或顶面)及其上的两孔作定位基准,加工其他平面和孔系,以避免由于基准转换而带来的累积误差。

② 基准重合原则(三面定位)。箱体上的装配基准一般为平面,而它们又往往是箱体上其他要素的设计基准,因此以这些装配基准平面作为定位基准,避免了基准不重合误差,有利于提高箱体各主要表面的相互位置精度。

由分析可知,这 2 种定位方式各有优缺点,应根据实际生产条件合理确定。在中、小批量生产时,尽可能使定位基准与设计基准重合,以设计基准作为统一的定位基准。而大批量生产时,优先考虑的是如何稳定加工质量和提高生产率,由此而产生的基准不重合误差通过工艺措施解决,如提高工件定位面精度和夹具精度等。

另外,当箱体中间孔壁上有精度要求较高的孔需要加工时,需要在箱体内部相应的地方设置镗杆导向支承架,以提高镗杆刚度。因此可根据工艺上的需要,在箱体底面开一矩形窗口,让中间导向支承架伸入箱体。产品装配时窗口上加密封垫片和盖板用螺钉紧固。这种结构形式已被广泛认可和采纳。

4. 制定箱体工艺规程的步骤

（1）分析图纸

从工作任务书和零、部件图可以得知：该箱体为一种剖分式焊接结构的减速器箱体,箱体总成由上箱体、中箱体和下箱体三部分组成。

由于是单件小批量生产,所以考虑到成本等因素,该箱体毛坯并未采用铸件,而是选取由板材经焊接而成的上、中、下三个箱体。

由箱体总成(见图 4-36)可以看出其中的几个孔(例如 φ280、φ270、φ240 等孔)为箱体中轴承的安装位置,此孔系的精度大小直接影响到减速器的传动性能及运动精度,因而图纸中对该孔系的尺寸精度和形位公差都有较高要求。

（2）确定毛坯

由于该箱体总成中的上、中、下三个箱体均由钢板焊接而成,因此,需要根据零件图及加工余量选择每一块钢板的长度、宽度与厚度尺寸,合理下料。

（3）确定各表面的加工方法及选择加工机床与刀具

上、中、下三个箱体均采用焊接的方法由钢板焊接而成,焊后需退火处理。

因为三个箱体的结合面又是定位面,所以有较高形位公差要求及一定的表面质量要求,可以采用铣削或刨削加工。由于零件尺寸较大,因而分为初加工和半精加工两个阶段。

箱体总成中的 φ280、φ270、φ240 等孔系为箱体中的轴承安装孔,属关键尺寸,应采用镗削加工,需经粗镗和精镗两道工序方可完成。

联结孔采用钳工画线钻孔和铰孔。

（4）划分加工阶段

该箱体总成加工阶段可分为两大阶段：一是上、中、下箱体的加工；二是箱体总成的加工。

（5）安排加工顺序

上、中、下箱体的加工顺序为：焊后退火、画线、铣削、钻孔等。

箱体总成的加工顺序为：钳工装配、画线钻、铰孔、粗镗、精镗、钳工钻孔攻丝等。

（6）工件装夹方式

该箱体由于批量较小，可考虑选择通用夹具。

（7）拟订加工工艺规程

根据生产批量可知，该生产批量为单件生产，所以，以下为根据单件生产要求而制订的箱体各部分及其总成的工艺规程。

① 上箱体工艺规程

图 4-33 所示为剖分式箱体的上箱体，表 4-21 所列为其工艺规程。

表 4-21　上箱体工艺规程

工序号	工序名称	工序内容	设　备
0	焊后退火		
5	画线	检查毛坯余量。按尺寸 205 mm 画 $\sqrt{\dfrac{Ra3.2}{}}$ 结合面加工线	
10	刨	按线找正。粗刨 $\sqrt{\dfrac{Ra3.2}{}}$ 结合面，留余量 10 mm	龙门刨床 B2020Q
15	退火		
20	喷丸涂漆		
25	画线	检查毛坯变形情况。画结合面及顶部三处视孔窗 2×φ125 mm 凸台平面线	
30	铣	按线找正。半精铣 $\sqrt{\dfrac{Ra3.2}{}}$ 结合面，留余量自定。重新装夹、找正。铣成 $\sqrt{\dfrac{Ra3.2}{}}$ 结合面。翻转，铣成顶部三处视孔窗及 1×125 mm 凸台平面	龙门铣床 X2025
35	画线	在结合面上画十字中心线并引至两侧面。以中心线为基准检查尺寸 750 mm 轴孔 $\sqrt{\dfrac{Ra3.2}{}}$ 两端面余量情况。画轴孔位置线及 3×φ50 mm、22×φ22 mm、6×φ33 mm、8×φ30 mm 孔线。在凸缘背面画 3×20 mm 锥销孔线。画顶部三处视孔窗及 2×φ125 mm 凸台平面上共 24×M12、2×G2″孔线	
40	钻	钻结合面上 3×φ50 mm、21×φ22 mm、6×φ33 mm 及 8×φ30 mm 孔。钻顶部三处视孔窗平面上 24×M12 及凸台平面上 2×G20″底孔并机攻螺纹。清除毛刺	摇臂钻床 Z30100

② 下箱体工艺规程

图 4-34 所示为剖分式箱体的下箱体，表 4-22 所列为其工艺规程。

表 4－22　下箱体工艺规程

工序号	工序名称	工序内容	设　备
0	焊后退火		
5	画线	检查毛坯余量。画尺寸 $500_{-0.4}^{0}$ mm 结合面及底面加工线	
10	刨	按线找正。粗刨尺寸 500 mm 结合面及底面,均留余量 10 mm	龙门刨床 B2020Q
15	退火		
20	喷丸涂漆		
25	画线	检查毛坯变形情况。画尺寸 $500_{-0.4}^{0}$ mm 结合面及底面加工线	
30	刨	按线找正。半精刨尺寸 $500_{-0.4}^{0}$ mm 结合面及底面,留余量自定。重新装夹、找正。互为基准,刨成结合面及底面	龙门刨床 B2020Q
35	画线	在结合面上画十字中心线并引至侧面。以中心线为基准检查尺寸 750 mm 轴孔 $\sqrt{Ra12.5}$ 两端面余量情况。画各轴孔位置线及 8×φ22 mm、12×φ33 mm 孔线。在底面上画 10×φ46 mm 地脚孔线	
40	钻	钻 8×φ22 mm、12×φ33 mm 孔。在底面上钻 10×φ46 mm 地脚孔并在背面锪平,去毛刺	摇臂钻床 Z30100
45	检验		
50	入库	清洗并入中间库	

③ 中箱体工艺规程

图 4－35 所示为剖分式箱体的中箱体,表 4－23 所列为其工艺规程。

表 4－23　中箱体工艺规程

工序号	工序名称	工序内容	设　备
0	焊后退火		
5	画线	检查毛坯余量。画尺寸 315 mm±0.026 mm 两结合面加工线	
10	刨	按线找正。粗刨尺寸 315 mm±0.026 mm 两结合面,均留余量 10 mm	龙门刨床 B2020Q
15	退火		
20	喷丸涂漆		
25	画线	检查毛坯变形情况。画尺寸 315 mm±0.026 mm 两结合面加工线	

续表 4 - 23

工序号	工序名称	工序内容	设 备
30	刨	按线找正。半精刨尺寸 315 mm±0.026 mm 两结合面,留余量自定。重新装夹,找正。互为基准,刨成尺寸 315 mm±0.026 mm 两结合面。	龙门铣床 X2025
35	画线	画上、下结合面十字中心线并引至侧面。以中心线为基准检查尺寸 750 mm $\sqrt{Ra12.5}$ 轴孔两端面加工余量	
40	钳	参看图 4 - 35,领取上箱体吊放在上结合面上。按十字中心线对正。以上箱体作样板,在中箱体上结合面上确定 3×φ50 mm、8×φ30 mm、22×φ22 mm 及 6×φ30 mm 各孔之位置并做标记。吊下上箱体	摇臂钻床 Z30100
45	钻	在上结合面上钻 3×φ50 mm、8×φ30 mm 及 22×φ22 mm 孔,钻 6×M30 底孔并机攻螺纹。去毛刺	
50	钳	领取下箱体,吊放在下结合面上,按十字中心线找正。以下箱体作样板,确定中箱体的下结合面上的 8×φ22 mm、8×φ33 mm 及 4×M30 孔位并作标记。吊下下箱体,在下结合面上对应于上结合面上 3×φ50 mm 工艺孔处画 3×φ20 mm 锥销孔线	
55	钻	在下结合面上钻 8×φ22 mm、8×φ33 mm 孔及 4×M30 底孔并机攻螺纹。去毛刺	摇臂钻床 Z30100
60	检验		
65	入库	清洗并入中间库	

④ 箱体总成工艺规程

图 4 - 36 所示为一种剖分式焊接结构的减速器箱体总成,表 4 - 24 所列为该箱体总成的工艺规程。

表 4 - 24　箱体总成工艺规程

工序号	工序名称	工序内容	设 备
0	钳	参看图 4 - 36。分别领取上箱体、中箱体和下箱体,清理各结合画处飞边、毛刺,并将结合面擦净。将上箱体、中箱体和下箱体合箱,按十字中心线对正。用 0.05 mm 塞尺检查各结合面之密合性,塞尺塞入深度不得超过结合面宽度的 1/3 领取所需要的紧固件,将各箱体固紧在一起	

工序号	工序名称	工序内容	设 备
5	钻	配钻铰上箱与中箱结合面处 3×φ20 mm 锥销孔。通过 3×φ50 mm 工艺孔配钻铰中箱及下箱结合面处 3×φ20 mm 锥销孔,领取销 φ20×70 mm 共 6 件,每铰一孔便打入一销	摇臂钻床 Z30100
10	画线	按图 4-36 要求画各轴孔位置线。以中心线为基准画尺寸 750 mm 轴孔 $\sqrt{\frac{Ra12.5}{}}$ 两端面加工线	
15	粗镗	按轴孔端面线找正,多次调装。粗镗各轴孔,均留余量 6 mm。粗铣尺寸 750 mm 轴孔两端面,均留余量 3 mm。修铣结合面凸缘,错边不大于 2 mm	
20	精镗	上回转工作台,底面垫等高垫铁。按一端轴孔端面拉表找正,允差 0.02 mm/m。开坐标,保证各孔中心距。镗成一端各轴承孔及轴承孔止口端面。铣成尺寸 750 mm 轴孔一端 $\sqrt{\frac{Ra12.5}{}}$ 端面在箱体侧面 3 060 mm 长度上铣一工艺基准,见平即可,表面粗糙度 $\sqrt{\frac{Ra6.3}{}}$ 旋转工作台 180°。拉表找正工艺基准面,全长允差 0.02 mm。镗孔时先找正底孔,径向圆跳动允整为 0.02 mm。镗成各轴承孔及轴承孔止口端面,保证各孔中心距尺寸及尺寸 $740_{-0.2}^{0}$ mm。保证形位公差要求。铣成尺寸 750 mm 轴孔 $\sqrt{\frac{Ra12.5}{}}$ 端面	W200HC
25	钳	用各轴承孔端盖作样板,分别确定各轴孔端面上 (12+42+30) mm×M16 孔之位置并做标记。在轴孔端面上及相配端盖上做配对标记	
30	镗	多次调装、钻轴孔端面上 (12+42+30) mm×M16 底孔	
35	钳	在轴孔端面上攻 (12+42+30) mm×M16 螺纹。去毛刺	
40	检验		
45	钳	拆下上箱体及下箱体,去除各零件上的飞边及毛刺,清洗各零件并做防锈处理	
50	入库	将各箱体及其配加工件成套入库	

(8) 确定加工余量、工序尺寸与公差

① 各板材的下料尺寸应根据上、中、下三个箱体基本尺寸确定。

② 三个箱体的结合面应根据粗加工和半精加工阶段留适当的余量。

③ 大孔系安装孔的加工应按粗镗和半精镗两个阶段进行,并留有合理的加工余量。

练一练

请计算工序尺寸及公差。各加工方法的经济精度、余量可以查附录或手册。

（9）确定切削用量及工时定额

（10）确定检测方法

（11）填写工艺卡片

根据确定的工艺路线及各工序工艺参数,填写工艺卡片。

练一练

　　请根据已经填写好的机械加工工艺过程卡,填写机械加工工艺卡;填写一道工序的机械加工工序卡片。

课后习题 4

一、填空题

1. 零件一般经粗铣、精铣后,尺寸精度可达_____,表面粗糙度可达_____。

2. 铣削有_____与_____两种方式。

3. 铣床夹具按进给方式的不同,分为_____、_____及靠模式铣床夹具三种类型。

4. 常见镗床类型有:_____、_____、_____。

5. 镗床上常用的镗刀有单刃镗刀和_____两种。

6. 镗套的结构形式,根据运动形式不同,一般分为两类:_____和_____。

7. 最常用的砂轮结合剂有陶瓷结合剂(V)和_____。

8. 磨具硬度的选择主要根据工件的_____、_____、加工表面质量决定。

9. 砂轮是由_____、_____、结合剂和_____和组织五部分组成。

10. _____砂轮在磨削时不易被堵塞,适用于软金属和塑料、橡皮和皮革等非金属资料的粗、精磨。

11. 箱体零件同一轴线的孔应有一定的_____要求。

12. 最常用的磨料是_____和_____。

13. 镗削铸件时,切削速度一般应比镗钢件_____。

14. 箱体支承孔的加工中,对于直径小于_____的孔,一般不铸出。

15. 在选择定位基准时,应尽可能使定位基准与_____一致。

16. 粒度号愈大,磨粒的实际尺寸愈_____。

17. 双刃镗刀有固定式镗刀块和_____两种。

18. _____又称镗模。

19. 镗床夹具按所使用的机床形式可分为_____的和立式的。

20. 在镗床上可进行多种工序的加工,并能在一次安装中完成工件的粗加工、_____和_____。

二、判断

1. 逆铣是铣刀对工件的作用力在进给方向上的分力与工件进给方向相同的铣削方式。

（　　）

2.顺铣时,刀刃从工件外表面切入工件表层的硬皮和杂质,容易使刀具磨损和损坏。

（　　）

3.镗模不仅广泛用于镗床和组合机床上,也可以在一般通用机床(如车床、铣床、摇臂钻床等)上用来加工有较高精度要求的孔及孔系。　　　　　　　　　　　　　　（　　）

4.镗套的结构和精度直接影响到被加工孔的加工精度和表面粗糙度。　　　　（　　）

5.镗削加工只能加工单孔。　　　　　　　　　　　　　　　　　　　　　（　　）

6.用浮动镗刀镗孔能纠正原有孔的位置误差和形状误差。　　　　　　　　（　　）

7.粗镗的加工原则为:先精度后效率。　　　　　　　　　　　　　　　　（　　）

8.在箱体工件上,主要加工面有底面、端面和轴孔。　　　　　　　　　　（　　）

9.砂轮的组织越细密,工作磨粒越多,使轧辊越不容易烧伤。　　　　　　（　　）

10.砂轮太软,磨粒未磨钝已从砂轮上脱落,影响工件质量。　　　　　　　（　　）

11.端面磨比圆周磨削砂轮硬度硬。　　　　　　　　　　　　　　　　　　（　　）

12.磨削软材料时要选较软的砂轮,磨削硬资料时则要选硬砂轮。　　　　　（　　）

13.金刚石砂轮适合用于精磨硬质合金、陶瓷、半导体等高硬度脆性难加工材料。（　　）

三、选择题

1.铣刀在一次进给中切掉工件表面层的厚度称为（　　）。

    A.铣削宽度　　　　　　　　B.铣削深度　　　　　　　　C.进给量

2.平面的质量主要从（　　）两个方面来衡量。

    A.平面度和表面粗糙度　　　B.平面度和垂直度　　　　　C.平行度和平面度

3.铣削中主运动的线速度称为（　　）。

    A.铣削速度　　　　　　　　B.每分钟进给量　　　　　　C.每转进给量

4.精铣的进给率比粗铣（　　）。

    A.小　　　　　　　　　　　B.大　　　　　　　　　　　C.不变

5.在铣削铸铁等脆性金属时,一般（　　）。

    A.加以冷却为主的切削液　　B.加以润滑为主的切削液　　C.不加切削液

6.周铣时用（　　）方式进行铣削,铣刀的耐用度高,获得加工面的表面粗糙度值也较小。

    A.对称铣　　　　　B.逆铣　　　　　　C.顺铣　　　　　　　D.立铣

7.（　　）加工是箱体零件加工的关键。

    A.平面　　　　　　　　　　B.孔系　　　　　　　　　　C.外圆

8.单件、小批量生产箱体类零件时,首先应进行（　　）。

    A.画线找正　　　　　　　　B.镗孔　　　　　　　　　　C.加工平面

9.砂轮是由磨粒、（　　）和气孔三部分组成。

    A.结合剂　　　　　　　　　B.矿石　　　　　　　　　　C.金刚石

10.磨床磨削的主运动是（　　）。

    A.砂轮的旋转运动　　　　　B.砂轮的进给运动　　　　　C.工件的旋转运动

四、简答题

1.简述箱体类零件的特点。

2.简述箱体类零件常用的切削加工方法。

3.简述铣床的主要类型。

4. 简述镗削加工的特点。

5. 简述拟定工艺过程的原则。

6. 如何选择镗刀。

7. 简述制订箱体工艺规程的步骤。

五、综合题

1. 计算题：使用 $\phi25$ mm 的铣刀以 25 m/min 的线速度铣削工件时，铣刀的转速为多少？

2. 编制图 4 - 37 所示的箱体零件的机械加工工艺规程。生产批量为中批量，材料为 HT200。

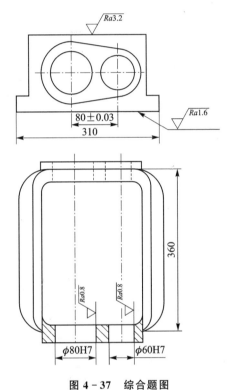

图 4 - 37　综合题图

附录 A 加工余量参数表

各加工方法、加工余量如表 A-1~表 A-9 所列。

表 A-1 粗车、半精车外圆的加工余量　　　　　　　　　mm

零件基本尺寸	经过热处理与未经热处理零件的粗车		半精车			
			未经热处理		经热处理	
	长　度					
	≤200	>200~400	≤200	>200~400	≤200	>200~400
3~6	—	—	0.5	—	0.8	—
6~10	1.5	1.7	0.8	1.0	1.0	1.3
10~18	1.5	1.7	1.0	1.3	1.3	1.5
18~30	2.0	2.2	1.3	1.3	1.3	1.5
30~50	2.0	2.2	1.4	1.5	1.5	1.9
50~80	2.3	2.5	1.5	1.8	1.8	2.0
80~120	2.5	2.8	1.5	1.8	1.8	2.0
120~180	2.5	2.8	1.8	2.0	2.0	2.3
180~250	2.8	3.0	2.0	2.3	2.3	2.5
250~315	3.0	3.3	2.0	2.3	2.3	2.5

注：加工带凸台的零件时，其加余量要根据零件的全长和最大直径来确定。

表 A-2 精车外圆的加工余量　　　　　　　　　mm

轴的直径 d	零件长度 L					
	≤100	>100~250	>250~500	>500~800	>800~1 200	>1 200~2 000
	直径余量 a					
≤10	0.8	0.9	1.0	—	—	—
>10~18	0.9	0.9	1.0	1.1	—	—
>18~30	0.9	1.0	1.1	1.3	1.4	—
>30~50	1.0	1.0	1.1	1.3	1.5	1.7
>50~80	1.1	1.1	1.2	1.4	1.6	1.8
>80~120	1.1	1.2	1.2	1.4	1.6	1.9
>120~180	1.2	1.2	1.3	1.5	1.7	2.0
>180~260	1.3	1.3	1.4	1.6	1.8	2.0
>260~360	1.3	1.4	1.5	1.7	1.9	2.1
>360~500	1.4	1.5	1.5	1.7	1.9	2.2

注：① 在单件或小批生产时，本表数值须乘以系数 1.3，并化成一位小数，如 1.1×1.3＝1.43，采用 1.4（四舍五入）。这时的粗车外圆的公差等级为 14 级。
　　② 决定加工余量用轴的长度计算与装夹方式有关。
　　③ 粗车外圆的公差带相当于 h12~h13。

表 A-3　磨削外圆的加工余量　　　　　　　　　　　　　　　　　mm

轴的直径 d	磨削性质	轴的性质	轴的长度 L					
			≤100	>100~250	>250~500	>500~800	>800~1200	>1200~2000
			直径余量 a					
≤10	中心磨	未淬硬	0.2	0.2	0.3	—	—	—
		淬硬	0.3	0.3	0.4	—	—	—
	无心磨	未淬硬	0.2	0.2	0.2	—	—	—
		淬硬	0.3	0.3	0.4	—	—	—
>10~18	中心磨	未淬硬	0.2	0.3	0.3	0.3	—	—
		淬硬	0.3	0.3	0.4	0.5	—	—
	无心磨	未淬硬	0.2	0.2	0.2	0.3	—	—
		淬硬	0.3	0.3	0.4	0.5	—	—
>18~30	中心磨	未淬硬	0.3	0.3	0.3	0.4	0.4	—
		淬硬	0.3	0.4	0.4	0.5	0.6	—
	无心磨	未淬硬	0.3	0.3	0.3	0.3	—	—
		淬硬	0.3	0.4	0.4	0.5	—	—
>30~50	中心磨	未淬硬	0.3	0.3	0.4	0.5	0.6	0.6
		淬硬	0.4	0.4	0.5	0.6	0.7	0.7
	无心磨	未淬硬	0.3	0.3	0.3	0.4	—	—
		淬硬	0.4	0.4	0.5	0.5	—	—
>50~80	中心磨	未淬硬	0.3	0.4	0.4	0.5	0.6	0.7
		淬硬	0.4	0.5	0.5	0.6	0.8	0.9
	无心磨	未淬硬	0.3	0.3	0.3	0.4	—	—
		淬硬	0.4	0.5	0.5	0.6	—	—
>80~120	中心磨	未淬硬	0.4	0.4	0.5	0.5	0.6	0.7
		淬硬	0.5	0.5	0.6	0.6	0.8	0.9
	无心磨	未淬硬	0.4	0.4	0.4	0.5	—	—
		淬硬	0.5	0.5	0.6	0.7	—	—
>120~180	中心磨	未淬硬	0.5	0.5	0.6	0.6	0.7	0.8
		淬硬	0.5	0.6	0.7	0.8	0.9	1.0
	无心磨	未淬硬	0.5	0.5	0.5	0.5	—	—
		淬硬	0.5	0.6	0.7	0.8	—	—
>180~260	中心磨	未淬硬	0.5	0.6	0.6	0.7	0.8	0.9
		淬硬	0.6	0.7	0.7	0.8	0.9	1.1

续表 A-3

轴的直径 d	磨削性质	轴的性质	轴的长度 L					
			≤100	>100~250	>250~500	>500~800	>800~1 200	>1 200~2 000
			直径余量 a					
>260~360	中心磨	未淬硬	0.6	0.6	0.7	0.7	0.8	0.9
		淬　硬	0.7	0.7	0.8	0.9	1.0	1.1
>360~500	中心磨	未淬硬	0.7	0.7	0.8	0.8	0.9	1.0
		淬　硬	0.8	0.8	0.9	0.9	1.0	1.2

注：① 在单件或小批生产时,本表的余量值应乘以系数1.2,并化成一位小数。

② 决定加工余量用轴的长度计算与装夹方式有关。

③ 磨前加工公差相当于 h11 。

表 A-4　精车端面的加工余量　　　　　　　　mm

零件直径 d	零件全长 L					
	≤18	≥18~50	>50~120	>120~260	>260~500	>500
	余量 a					
≤30	0.5	0.6	0.7	0.8	1.0	1.2
>30~50	0.5	0.6	0.7	0.8	1.0	1.2
>50~120	0.7	0.7	0.8	1.0	1.2	1.2
>120~260	0.8	0.8	1.0	1.0	1.2	1.4
>260~500	1.0	1.0	1.2	1.2	1.4	1.5
>500	1.2	1.2	1.4	1.4	1.5	1.7
长度公差	−0.2	−0.3	−0.4	−0.5	−0.6	−0.8

注：① 加工有台阶的轴时,每台阶的加工余量应根据该台阶的 d 及零件的全长分别选用。

② 表中的公差是指尺寸 L 的公差。

表 A-5　　磨端面的加工余量　　　　　　　　mm

零件直径 d	零件全长 L					
	≤18	>18~50	>50~120	>120~260	>260~500	>500
	余量 a					
≤30	0.2	0.3	0.3	0.4	0.5	0.6
>30~50	0.3	0.3	0.4	0.4	0.5	0.6
>50~120	0.3	0.3	0.4	0.5	0.6	0.6
>120~260	0.4	0.4	0.5	0.5	0.6	0.7
>260~500	0.5	0.5	0.5	0.6	0.7	0.7
>500	0.6	0.6	0.6	0.7	0.8	0.8
长度公差	−0.12	−0.17	−0.23	−0.3	−0.4	0.5

注：① 加工有台阶的轴时,每台阶的加工余量应根据该台阶的 d 及零件的全长分别选用。

② 表中的公差是指尺寸 L 的公差。

表 A−6 按照基孔制 7 级公差孔的加工　　　　　　　　　　mm

加工孔的直径	直径					
	钻		用车刀镗以后	扩孔钻	粗 铰	精 铰
	第一次	第二次				
3	2.9	—	—	—	—	3H7
4	3.9	—	—	—	—	4H7
5	4.8	—	—	—	—	5H7
6	5.8	—	—	—	—	6H7
8	7.8	—	—	—	7.96	8H7
10	9.8	—	—	—	9.96	10H7
12	11.0	—	—	11.85	11.95	12H7
13	12.0	—	—	12.85	12.95	13H7
14	13.0	—	—	13.85	13.95	14H7
15	14.0	—	—	14.85	14.95	15H7
16	15.0	—	—	15.85	15.95	16H7
18	17.0	—	—	17.85	17.94	18H7
20	18.0	—	19.8	19.8	19.94	20H7
22	20.0	—	21.8	21.8	21.94	22H7
24	22.0	—	23.8	23.8	23.94	24H7
25	23.0	—	24.8	24.8	24.94	25H7
26	24.0	—	25.8	25.8	25.94	26H7
28	26.0	—	27.8	27.8	27.94	28H7
30	15.0	28	29.8	29.8	29.93	30H7
32	15.0	30.0	31.7	31.75	31.93	32H7
35	20.0	33.0	34.7	34.75	34.93	35H7
38	20.0	36.0	37.7	37.75	37.93	38H7
40	25.0	38.0	39.7	39.75	39.93	40H7
42	25.0	40.0	41.7	41.75	41.93	42H7
45	25.0	43.0	44.7	44.75	44.93	45H7
48	25.0	46.0	47.7	44.75	47.93	48H7
50	25.0	48.0	49.7	49.75	49.93	50H7
60	30	55.0	59.5	59.5	59.9	60H7
70	30	65.0	69.5	69.5	69.9	70H7
80	30	75.0	79.5	79.5	79.9	80H7
90	30	80.0	89.3	—	89.9	90H7
100	30	80.0	99.3	—	99.8	100H7
120	30	80.0	119.3	—	119.8	120H7

加工孔	直　径					
的直径	钻		用车刀镗以后	扩孔钻	粗　铰	精　铰
	第一次	第二次				
140	30	80.0	139.3	—	139.8	140H7
160	30	80.0	159.3	—	159.8	160H7
180	30	80.0	179.3	—	179.8	180H7

注：① 在铸铁上加工直径为 15 mm 的孔时,不用扩孔钻扩孔。

② 在铸铁上加工直径为 30～32 mm 的孔时,仅用直径为 28 mm 与 30 mm 的钻头钻一次。

③ 如仅用一次铰孔,则铰孔的加工余量为本表中粗铰与精铰的加工余量总和。

表 A－7　按照基孔制 8 级公差孔的加工　　　　　　　　　　mm

加工孔	直　径				
的直径	钻		用车刀镗以后	扩孔钻	铰
	第一次	第二次			
3	2.9	—	—	—	3H8
4	3.9	—	—	—	4H8
5	4.8	—	—	—	5H8
6	5.8	—	—	—	6H8
8	7.8	—	—	—	8H8
10	9.8	—	—	—	10H8
12	11.8	—	—	—	12H8
13	12.8	—	—	—	13H8
14	13.8	—	—	—	14H8
15	14.8	—	—	—	15H8
16	15.0	—	—	17.85	18H8
20	18.0	—	19.8	19.8	20H8
22	20.0	—	21.8	21.8	22H8
24	22.0	—	23.8	23.8	24H8
25	23.0	—	24.8	24.8	25H8
26	24.0	—	25.8	25.8	26H8
28	26.0	—	27.8	27.8	28H8
30	15.0	28	29.8	29.8	30H8
32	15.0	30.0	31.7	31.75	32H8
35	20.0	33.0	34.7	34.75	35H8
38	20.0	36.0	37.7	37.75	38H8
40	25.0	38.0	39.7	39.75	40H8
42	25.0	40.0	41.7	41.75	42H8

加工孔的直径	直径				
	钻		用车刀镗以后	扩孔钻	铰
	第一次	第二次			
45	25.0	43.0	44.7	44.75	45H8
48	25.0	46.0	47.7	47.75	48H8
50	25.0	48.0	49.7	49.75	50H8
60	30.0	55.0	59.5	—	60H8
70	30.0	65.0	69.5	—	70H8
80	30.0	75.0	79.5	—	80H8
90	30.0	80.0	89.3	—	90H8
100	30.0	80.0	99.3	—	100H8
120	30.0	80.0	119.3	—	120H8
140	30.0	80.0	139.3	—	140H8
160	30.0	80.0	159.3	—	160H8
180	30.0	80.0	179.3	—	180H8

注：① 在铸铁上加工直径为 15 mm 的孔时，不用扩孔钻扩孔。

② 在铸铁上加工直径为 30 mm、32 mm 的孔时，仅用直径为 28 mm、30 mm 的钻头钻一次。

③ 如仅用一次铰孔，则铰孔的加工余量为本表中粗铰与精铰的加工余量总和。

表 A-8　磨孔的加工余量　　　　　　　　　　　　　　mm

孔的直径 d	零件性质	磨孔的长度 L					磨前公差 IT11
		≤50	>50~100	>100~200	>200~300	>300~500	
		直径余量 a					
≤10	未淬硬	0.2	—	—	—	—	0.09
	淬 硬	0.2	—	—	—	—	
>10~18	未淬硬	0.2	0.3	—	—	—	0.11
	淬 硬	0.3	0.4	—	—	—	
>18~30	未淬硬	0.3	0.3	0.4	—	—	0.13
	淬 硬	0.3	0.4	0.4	—	—	
>30~50	未淬硬	0.3	0.3	0.4	0.4	—	0.16
	淬 硬	0.4	0.4	0.4	0.5	—	
>50~80	未淬硬	0.4	0.4	0.4	0.4	—	0.19
	淬 硬	0.4	0.5	0.5	0.5	—	
>80~120	未淬硬	0.5	0.5	0.5	0.5	0.6	0.22
	淬 硬	0.5	0.5	0.6	0.6	0.7	
>120~180	未淬硬	0.6	0.6	0.6	0.6	0.6	0.25
	淬 硬	0.6	0.6	0.6	0.6	0.7	

续表 A－8

孔的直径 d	零件性质	磨孔的长度 L					磨前公差 IT11
		≤50	>50～100	>100～200	>200～300	>300～500	
		直径余量 a					
>180～260	未淬硬	0.6	0.6	0.7	0.7	0.7	0.29
	淬 硬	0.7	0.7	0.7	0.7	0.8	
>260～360	未淬硬	0.7	0.7	0.7	0.8	0.8	0.32
	淬 硬	0.7	0.8	0.8	0.8	0.9	
>360～500	未淬硬	0.8	0.8	0.8	0.8	0.8	0.36
	淬 硬	0.8	0.8	0.8	0.9	0.9	

注：① 当加工在热处理中极易变形的、薄的轴套及其他零件时，应将表中的加工余量数值乘以 1.3。

② 当被加工孔在以后必须作为基准孔时，其公差应按 7 级公差来制订。

③ 在单件、小批生产时，本表的数值应乘以 1.3，并化成一位小数。

表 A－9　平面加工余量　　　　　　　　mm

加工性质	加工面长度	加工面宽度					
		≤100		>100～300		>300～1 000	
		余量 a	公差（＋）	余量 a	公差（＋）	余量 a	公差（＋）
粗加工后精刨或精铣	≤300	1.0	0.3	1.5	0.5	2	0.7
	>300～1 000	1.5	0.5	2	0.7	2.5	1.0
	>1 000～2 000	2	0.7	2.5	1.2	3	1.2
精加工后磨削，零件在装置时未经校准	≤300	0.3	0.1	0.4	0.12	—	—
	>300～1 000	0.4	0.12	0.5	0.15	0.6	0.15
	>1 000～2 000	0.5	0.15	0.6	0.15	0.7	0.15
精加工后磨削，零件装置在夹具中或用百分表校准	≤300	0.2	0.1	0.25	0.12	—	—
	>300～1 000	0.25	0.12	0.3	0.15	0.4	0.15
	>1 000～2 000	0.3	0.15	0.4	0.15	0.4	0.15
刮	≤300	0.15	0.06	0.15	0.06	0.2	0.1
	>300～1 000	0.2	0.1	0.2	0.1	0.25	0.12
	>1 000～2 000	0.25	0.12	0.25	0.12	0.3	0.15

注：① 如几个零件同时加工，则长度及宽度为装置在一起的各零件长度或宽度及各零件间间隙的总和。

② 当精刨或精铣时，最后一次行程前留的余量应不小于 0.5 mm。

③ 热处理零件的磨前加工余量为表中数值乘以 1.2。

④ 磨削及刮的加工余量和公差用于有公差的表面的加工，其他尺寸按照自由尺寸的公差进行加工。

⑤ 公差根据被测量尺寸制订。

附录 B 切削用量参数表

切削用量参数表如表 B-1～表 B-7 所列。

表 B-1 粗车外圆及端面的进给量
mm/r

工件材料	刀杆直径	工件直径	外圆车刀(硬质合金)					外圆车刀(高速钢)		
			切削深度 a_p/mm							
			3	5	8	12	>12	3	5	8
			进给量 f /(mm·r^{-1})							
结构碳钢、合金钢及耐热钢	16×25	20	0.3～0.4	—	—	—	—	0.3～0.4	—	—
		40	0.4～0.5	0.3～0.4	—	—	—	0.4～0.6	—	—
		60	0.5～0.7	0.4～0.6	0.3～0.5	—	—	0.6～0.8	0.5～0.7	0.4～0.6
		100	0.6～0.9	0.5～0.7	0.5～0.6	0.4～0.5	—	0.7～1.0	0.6～0.9	0.6～0.8
		400	0.9～1.2	0.8～1.0	0.6～0.8	0.5～0.6	—	1.0～1.3	0.9～1.1	0.8～1.0
	20×30 25×25	20	0.3～0.4	—	—	—	—	0.3～0.4	—	—
		40	0.4～0.5	0.3～0.4	—	—	—	0.4～0.5	—	—
		60	0.6～0.7	0.5～0.7	0.4～0.6	—	—	0.7～0.8	0.6～0.8	—
		100	0.8～1.0	0.7～0.9	0.5～0.7	0.4～0.7	—	0.9～1.1	0.8～1.0	0.7～0.9
		600	1.2～1.4	1.0～1.2	0.8～1.0	0.6～0.9	0.4～0.6	1.2～1.4	1.1～1.4	1.0～1.2
	25×40	60	0.6～0.9	0.5～0.8	0.4～0.7	—	—	—	—	—
		100	0.8～1.2	0.7～1.1	0.8～0.9	0.5～0.8	—	—	—	—
		1100	1.2～1.5	1.1～1.5	0.9～1.2	0.8～1.0	0.7～0.8	—	—	—
	30×45	500	1.1～1.4	1.1～1.4	1.0～1.2	0.8～1.2	0.7～1.1	—	—	—
	40×60	2500	1.3～2.0	1.3～1.8	1.2～1.6	1.1～1.5	1.0～1.5	—	—	—
铸铁及铜合金	16×25	40	0.4～0.5	—	—	—	—	0.4～0.5	—	—
		60	0.6～0.8	0.5～0.8	0.4～0.6	—	—	0.6～0.8	0.5～0.8	0.4～0.6
		100	0.8～1.2	0.7～1.0	0.6～0.8	0.5～0.7	—	0.8～1.2	0.7～1.0	0.6～0.8
		400	1.0～1.4	1.0～1.2	0.8～1.0	0.6～0.8	—	1.0～1.4	1.0～1.2	0.8～1.0
	25×30 25×25	40	0.4～0.5	—	—	—	—	0.4～0.5	—	—
		60	0.6～0.9	0.5～0.8	0.4～0.7	—	—	0.6～0.9	0.5～0.8	0.4～0.7
		100	0.9～1.3	0.8～1.2	0.7～1.0	0.5～0.8	—	0.9～1.3	0.8～1.2	0.7～1.0
		600	1.2～1.8	1.2～1.6	1.0～1.3	0.9～1.1	0.7～0.9	1.2～1.3	1.2～1.6	1.1～1.4
	25×40	60	0.6～0.8	0.5～0.8	0.4～0.7	—	—	0.6～0.8	0.5～0.8	0.4～0.7
		100	1.0～1.4	0.9～1.2	0.8～1.0	0.6～0.9	—	1.2～1.4	0.9～1.2	0.8～10
		1000	1.5～2.0	1.2～1.8	1.0～1.4	1.0～1.2	0.8～1.0	1.5～2.0	1.2～1.8	1.0～1.4
	30×45	500	1.4～1.8	1.2～1.6	1.0～1.4	1.0～1.3	0.9～1.2	—	—	—
	40×60	2500	1.6～2.4	1.6～2.0	1.4～1.8	1.3～1.7	1.2～2.7	—	—	—

注：① 加工耐热钢及其合金时,不采用大于 1 mm/r 的进给量。
② 进行有冲击的加工(断续切削和荒车)时,本表的进给量应乘以系数 0.78～0.85。
③ 加工无外皮工件时,本表的进给量应乘以系数 1.1 。

表 B-2　高速钢车刀纵车外圆的切削速度 v　　　　　　　　m/min

材料	切削深度 a_p/mm	进给量 f /(mm·r⁻¹)											
		0.1	0.15	0.2	0.25	0.3	0.4	0.5	0.6	0.7	1.0	1.5	2
碳钢 σ_b= 0.735 GPa 加冷却液	1		92	85	79	69	59	50	44	44			
	1.5		85	76	71	62	52	45	40	36			
	2			70	66	59	49	42	37	34			
	3			64	60	53	44	38	34	31	24		
	4				56	49	41	35	31	28	22	17	
	6					45	37	32	28	26	20	15	13
	8						35	30	26	24	19	14	12
	10						32	28	25	22	18	13	11
	15							25	22	20	16	12	10
可锻铸铁 HB150 加冷却液	1	116	104	97	92	84							
	1.5	107	96	90	85	78	67						
	2		91	85	80	73	63	56	52				
	3			79	73	68	58	52	48	44	37		
	4			69	674	55	49	45	42	35	30		
	6					59	51	45	42	38	32	27	23
	8						48	43	39	36	30	26	22
灰口铸铁 HB180~200	1	49	44	40	37	35							
	1.5	47	41	38	35	34	30						
	2		39	36	35	32	29	27	26				
	3			34	33	31	29	26	25	23	20		
	4				33	31	27	25	24	22	19	17	
	6					29	26	24	22	21	18	16	14
	8						25	23	21	20	17	15	13
	12							22	20	19	16	14	12
青　铜 QA19—4 HB100~140	1	162	151	142	127	116							
	1.5	157	143	134	120	110	95						
	2	151	138	127	115	105	91	82	75				
	3			123	111	100	88	80	71	66	56		
	4				107	98	84	76	69	63	53	45	
	6					93	80	73	66	61	51	43	36
	8						78	71	64	58	50	41	35
	12						74	66	60	55	47	39	33

注：本表所述高速钢车刀材料为 W18Cr4V 。

表 B-3　硬质合金车刀纵车外圆的切削速度 v　　　　　　m/min

工件材料	刀具材料	切削深度 a_p/mm	进给量 f/(mm·r^{-1})									
			0.1	0.15	0.2	0.3	0.4	0.5	0.7	1.0	1.5	2
碳钢 $\sigma_p=$ 0.735 GPa	YT5	1		177	165	152	138	128	114			
		1.5		165	156	143	130	120	106			
		2			151	138	124	116	103			
		3			141	130	118	109	97	83		
		4				124	111	104	92	80	66	
		6				117	105	97	87	75	62	60
		8					101	94	84	72	59	52
		10					97	90	81	69	57	50
		15						85	76	64	54	48
碳钢 $\sigma_b=$ 0.735 Gpa	YT15	1		277	258	235	212	198	176			
		1.5		255	241	222	200	186	164			
		2			231	213	191	177	158			
		3			218	200	181	168	149	128		
		4				191	172	159	142	123	102	
		6				180	162	150	134	116	96	91
		8					156	145	129	110	91	81
		10					148	139	124	106	88	78
		15						131	117	99	83	73
耐热钢 1Cr18Ni9Ti HB141	YT15	1	318	266	233	194	170	154				
		1.5	298	248	218	181	160	144				
		2			231	202	169	149	134	115		
		3			214	187	156	137	124	107	91	
		4				176	147	129	117	100	86	
		6					136	119	108	93	79	
		8					128	112	102	87	74	
		10					122	107	97	83	71	
灰口铸铁 HB180～200	YG6	1		189	178	164	155	142	124			
		1.5		178	167	154	145	134	116			
		2			162	147	139	127	111			
		3			145	134	126	120	105	91		
		4				132	125	114	101	87	74	
		6				125	118	108	95	82	70	63
		8					113	103	91	79	67	60
		10					109	100	88	76	65	58
		15						94	82	71	61	54

工件材料	刀具材料	切削深度 a_p/mm	进给量 f /(mm·r^{-1})									
			0.1	0.15	0.2	0.3	0.4	0.5	0.7	1.0	1.5	2
可锻铸铁 HB150	YG8	1	204	192	177	167						
		1.5	188	177	163	154						
		2					129	117	100			
		3					122	110	94	81		
		4					116	105	90	77	64	
		6					110	99	86	72	61	53
		8					104.5	94	81	69.2	57.6	50.7
		10					101.2	91	78.5	67	55.8	49.1
		15						85.5	74	63	52.3	46.2
青 铜 HB200~240	YG8	1	590	555	513	484	472	412				
		1.5	555	525	483	457	432	377				
		2		507	467	442	408	357				
		3		480	442	418	377	330	286			
		4			427	403	356	311	271	231		
		6			404	381	327	286	248	212	188	
		8				369	309	271	235	201	178	
		10				359	296	259	224	191	170	

表 B-4 粗铣每齿进给量 f_z 的推荐值　　　　　　mm

刀 具		材 料	推荐进给量
高速钢	圆柱铣刀	钢	0.1~0.15
		铸铁	0.12~0.20
	端铣刀	钢	0.04~0.06
		铸铁	0.15~0.20
	三面刃铣刀	钢	0.04~0.06
		铸铁	0.15~0.25
硬质合金铣刀		钢	0.1~0.20
		铸铁	0.15~0.30

表 B-5 铣削速度的推荐值　　　　　　　　　　　　　　　　m/min

工件材料	铣削速度/(m·min⁻¹)		说　明
	高速钢铣刀	硬质合金铣刀	
20	20～45	150～190	① 粗铣时取小值,精铣时取大值 ② 工件材料强度和硬度高时取小值,反之取大值 ③ 刀具材料耐热性好取大值,耐热性差取小值
45	20～35	120～150	
40Cr	15～25	60～90	
HT150	14～22	70～100	
黄铜	30～60	120～200	
铝合金	112～300	400～600	
不锈钢	16～25	50～100	

表 B-6 高速钢钻头钻孔时的进给量　　　　　　　　　　　　　　　mm

钻头直径 d_0/mm	钢 $\sigma_b \leqslant 784$ MPa 及铝合金			钢 $\sigma_b = 784 \sim 981$ MPa			钢 $\sigma_b > 981$ MPa			硬度≤200 HBW 的灰铸铁及铜合金			硬度>200 HBW 的灰铸铁		
	\multicolumn{15}{c}{进给量的组别}														
	Ⅰ	Ⅱ	Ⅲ	Ⅰ	Ⅱ	Ⅲ	Ⅰ	Ⅱ	Ⅲ	Ⅰ	Ⅱ	Ⅲ	Ⅰ	Ⅱ	Ⅲ
	\multicolumn{15}{c}{进给量 f}														
2	0.05～0.06	0.04～0.05	0.03～0.04	0.04～0.05	0.03～0.04	0.02～0.03	0.03～0.04	0.03～0.04	0.02～0.03	0.09～0.11	0.06～0.08	0.05～0.06	0.05～0.07	0.04～0.05	0.03～0.04
4	0.08～0.10	0.05～0.08	0.04～0.05	0.06～0.08	0.04～0.06	0.03～0.04	0.04～0.06	0.04～0.05	0.03～0.04	0.18～0.22	0.13～0.17	0.09～0.11	0.11～0.13	0.08～0.10	0.05～0.07
6	0.14～0.18	0.11～0.13	0.07～0.09	0.10～0.12	0.07～0.09	0.05～0.06	0.08～0.10	0.06～0.08	0.04～0.05	0.27～0.33	0.20～0.24	0.13～0.17	0.18～0.22	0.13～0.17	0.09～0.11
8	0.18～0.22	0.13～0.17	0.09～0.11	0.13～0.15	0.09～0.11	0.06～0.08	0.11～0.13	0.08～0.10	0.05～0.07	0.36～0.44	0.27～0.33	0.18～0.22	0.22～0.26	0.16～0.20	0.11～0.13
10	0.22～0.28	0.16～0.20	0.11～0.13	0.17～0.21	0.13～0.15	0.08～0.11	0.13～0.17	0.10～0.12	0.07～0.09	0.47～0.57	0.35～0.43	0.23～0.29	0.28～0.34	0.21～0.25	0.13～0.17
12	0.25～0.31	0.19～0.23	0.13～0.15	0.19～0.23	0.14～0.18	0.10～0.12	0.15～0.19	0.12～0.14	0.08～0.10	0.52～0.64	0.39～0.47	0.26～0.32	0.31～0.39	0.23～0.29	0.15～0.19

钻头直径 d_0/mm	钢 $\sigma_b \leqslant 784$ MPa 及铝合金			钢 $\sigma_b = 784 \sim 981$ MPa			钢 $\sigma_b > 981$ MPa			硬度≤200 HBW 的灰铸铁及铜合金			硬度>200 HBW 的灰铸铁		
	进给量的组别														
	I	II	III	I	II	III	I	II	III	I	II	III	I	II	III
	进给量 f														
16	0.31~0.37	0.22~0.27	0.15~0.19	0.22~0.28	0.17~0.21	0.12~0.14	0.18~0.22	0.13~0.17	0.09~0.11	0.61~0.75	0.45~0.56	0.31~0.37	0.37~0.45	0.27~0.33	0.18~0.22
20	0.35~0.43	0.26~0.32	0.18~0.22	0.26~0.32	0.20~0.24	0.13~0.17	0.21~0.25	0.15~0.19	0.11~0.13	0.70~0.86	0.52~0.64	0.35~0.43	0.43~0.53	0.32~0.40	0.22~0.26
25	0.39~0.47	0.29~0.35	0.20~0.24	0.29~0.35	0.22~0.26	0.14~0.18	0.23~0.29	0.17~0.21	0.12~0.14	0.78~0.96	0.58~0.72	0.39~0.47	0.47~0.57	0.35~0.43	0.23~0.29
30	0.45~0.55	0.33~0.41	0.22~0.28	0.32~0.40	0.24~0.30	0.16~0.20	0.27~0.33	0.20~0.24	0.13~0.17	0.9~1.1	0.67~0.83	0.45~0.55	0.54~0.66	0.4~0.5	0.27~0.33
>30~≤60	0.6~0.7	0.45~0.55	0.30~0.35	0.4~0.5	0.30~0.35	0.20~0.25	0.3~0.4	0.22~0.30	0.16~0.23	1.0~1.2	0.8~0.9	0.5~0.6	0.7~0.8	0.5~0.6	0.35~0.4

注:〔I组〕在刚性工件上钻无公差或 IT12 级以下及钻孔后还需用几个刀具来加工的孔。

〔II组〕在刚度不足的工件 L 上钻无公差或 IT12 级以下及钻孔后还需用几个刀具加工的孔;丝锥攻螺纹前钻孔。

〔III组〕钻精密孔;在刚度差和支承面不稳定的工件上钻孔;孔的轴线和平面不垂直的孔。

表 B-7 常见通用机床的主轴转速和进给量

类 别	型 号	技术参数		
		主轴转速/(r·min⁻¹)		进给量/(mm·r⁻¹)
车 床	CA6140	正转	10、12.5、16、20、25、32、40、50、63、80、100、125、160、200、250、320、400、450、500、560、710、900、1 120、1 400	纵向(部分)	0.028、0.032、0.036、0.039、0.043、0.046、0.050、0.054、0.08、0.10、0.12、0.14、0.16、0.18、0.20、0.24、0.28、0.30、0.33、0.36、0.41、0.46、0.48、0.51、0.56、0.61、0.66、0.71、0.81、0.91、0.96、1.02、1.09、1.15、1.22、1.29、1.47、1.59、1.71、1.87、2.05、2.28、2.57、2.93、3.16、3.42…

续表 B-7

类 别	型 号	技术参数			
		主轴转速/(r·min^{-1})		进给量/(mm·r^{-1})	
车 床	CA6140	反 转	14、22、36、56、90、141、226、362、565、633、1018、1580	横向（部分）	0.014、0.016、0.018、0.019、0.021、0.023、0.025、0.027、0.04、0.05、0.06、0.08、0.09、0.1、0.12、0.14、0.15、0.17、0.20、0.23、0.25、0.28、0.30、0.33、0.35、0.4、0.43、0.45、0.5、0.56、0.61、0.73、0.86、0.94、1.08、1.28、1.46、1.58…
	CM6125	正 转	25、63、125、160、320、400、500、630、800、1000、1250、2000、2500、3150	纵向	0.02、0.04、0.08、0.1、0.2、0.4
				横向	0.01、0.02、0.04、0.05、0.1、0.2
	C365L	正转	44、58、78、100、136、183、238、322、430、550、745、1000	回转刀架纵向	0.07、0.09、0.13、0.17、0.21、0.28、0.31、0.38、0.41、0.52、0.56、0.76、0.92、1.24、1.68、2.29
		反转	48、64、86、110、149、200、261、352、471、604、816、1094	横刀架纵向	0.07、0.09、0.13、0.17、0.21、0.28、0.31、0.38、0.41、0.52、0.56、0.76、0.92、1.24、1.68、2.29
				横刀架横向	0.03、0.04、0.056、0.076、0.09、0.12、0.13、0.17、0.18、0.23、0.24、0.33、0.41、0.54、0.73、1.00
钻 床	Z35（摇臂）	34、42、53、67、85、105、132、170、265、335、420、530、670、850、1051、1320、1700		0.03、0.04、0.05、0.07、0.09、0.12、0.14、0.15、0.19、0.20、0.25、0.26、0.32、0.40、0.56、0.67、0.90、1.2	
	Z525（立钻）	97、140、195、272、392、545、680、960、1360		0.10、0.13、0.17、0.22、0.28、0.36、0.48、0.62、0.81	
	Z535（立钻）	68、100、140、195、275、400、530、750、1100		0.11、0.15、0.20、0.25、0.32、0.43、0.57、0.72、0.96、1.22、1.6	
	Z512（台钻）	460、620、850、1220、1610、2280、3150、4250		手动	

类　别	型　号	技术参数		
		主轴转速/(r·min⁻¹)	进给量/(mm·r⁻¹)	
镗　床	T68（卧床）	20、25、32、40、50、64、80、100、125、160、200、250、315、40、500、630、800、1 000	主轴	0.05、0.07、0.1、0.13、0.19、0.27、0.37、0.52、0.74、1.03、1.43、2.05、2.90、4.00、5.70、8.00、11.1、16.0
			主轴箱	0.025、0.035、0.05、0.07、0.09、0.13、0.19、0.26、0.37、0.52、0.72、1.03、1.42、2.00、2.90、4.00、5.60、8.00
	TA4280（坐标）	40、52、65、80、105、130、160、205、250、320、410、500、625、800、1 000、1 250、1 600、2 000	0.0426、0.069、0.1、0.153、0.247、0.356	
铣　床	X51（立式）	65、80、100、125、160、210、255、300、380、490、590、725、945、1 225、1 500、1 800	纵向	35、40、50、65、85、105、125、165、205、250、300、390、510、620、755
			横向	25、30、40、50、65、80、100、130、150、190、230、320、400、480、585、765
			升降	12、15、20、25、33、40、50、65、80、95、115、160、200、290、380
	X63、X62W（卧式）	30、37.5、47.5、60、75、95、118、150、190、235、300、375、475、600、750、950、1 180、1 500	纵向及横向	23.5、30、37.5、47.75、60、75、95、118、150、190、235、300、375、475、600、750、950、1 180

参考文献

[1] 王茂元.机械制造技术[M].北京:机械工业出版社,2001.

[2] 吴拓,勋建国.机械制造工程[M].北京:机械工业出版社,2008.

[3] 朱鹏超.数控加工技术[M].北京:高等教育出版社,2009.

[4] 崔长华.机械加工工艺规程设计[M].北京:机械工业出版社,2009.

[5] 王平嶂.机械制造工艺与刀具[M].北京:清华大学出版社,2005.

[6] 黄鹤汀.金属切削机床[M].北京:机械工业出版社,2003.

[7] 周飞.机械制造技术[M].北京:电子工业出版社,2007.